看见情绪价值

接住Ta的情绪，捧住Ta的心

苏菲雅　姚彦宇——著

中国妇女出版社

图书在版编目（CIP）数据

看见情绪价值：接住Ta的情绪，捧住Ta的心 / 苏菲雅，姚彦宇著. -- 北京：中国妇女出版社，2022.9（2025.9重印）

ISBN 978-7-5127-2152-4

Ⅰ.①看… Ⅱ.①苏… ②姚… Ⅲ.①情绪－心理学－通俗读物 Ⅳ.①B842.6-49

中国版本图书馆CIP数据核字（2022）第131304号

看见情绪价值——接住Ta的情绪，捧住Ta的心

作　　者：苏菲雅　姚彦宇　著
责任编辑：陈经慧　王琇瑾
封面设计：FAJUN QQ:974364106
责任印制：李志国
出版发行：中国妇女出版社
地　　址：北京市东城区史家胡同甲24号　　邮政编码：100010
电　　话：（010）65133160（发行部）　　65133161（邮购）
网　　址：www.womenbooks.cn
法律顾问：北京市道可特律师事务所
经　　销：各地新华书店
印　　刷：三河市嘉科万达彩色印刷有限公司
开　　本：145×210　1/32
印　　张：9
字　　数：186千字
版　　次：2022年9月第1版
印　　次：2025年9月第21次
书　　号：ISBN 978-7-5127-2152-4
定　　价：58.00元

《孟子》：“行有不得者皆反求诸己，其身正而天下归之。”

前 言

用情绪资源支撑他人，才能得到爱的犒赏

在我成为咨询师之前，我跟大部分女孩一样，都对爱情既憧憬又担忧。憧憬的，自然是爱情的甜蜜浪漫；而担忧的，则是爱情可能经受不住现实的磨难和喜新厌旧的人性考验，担心爱会随着时间流逝“色衰而爱弛”。于是，如何让一段感情长久幸福，就成了我入行后研究至今的课题。

找我做咨询的，有很多是分手挽回的案例。根据这些案例，我把人简单地划分成两种：被放弃的挽回者和被挽留的分手者。挽回者为何如此让分手者避之不及，分手者又是为何让挽回者如此念念不忘，就成了我课题的研究方向——让伴侣想要靠近和远离你的核心原因是什么。

一开始，我认为是技能层面的问题，比如有的人就是情商高、会聊天，更能让伴侣开心；而有的人就比较木讷、粗线条，说话太直接，容易得罪人。但当我学了很多沟通技巧，比如情绪表达、倾听、赞美并教给我的来访者后，我发现就算他们能学会

这些技能，用出来也没什么效果。因为沟通中一个人的情绪状态、肢体语言和表情传递了约70%的信息，语音和语调传递了约23%的信息，具体内容只占约7%。也就是说，行为只是表象，行为背后的态度和状态，才是沟通的核心。

于是，我的研究重心又转移到情绪状态调整和心态调整。

我帮助来访者进行情绪管理训练和心态、认知调整，发现这确实比教技能更有效果，来访者往往能够散发出比之前更强的亲和力与吸引力。但这样做也有弊端，来访者会觉得很累。因为这些改变并不自然，或者说有很大的阻力，仿佛是给他们嫁接了本就不属于他们的东西。要维持这些习惯，对他们来说是一种巨大的内耗。

研究到了这里，算是走入了死胡同。无论我用行为疗法的思路塑造行为，让来访者对新行为进行强化和间歇性强化，抑或进行“三观”层面的思维调整，都无法让改变自然而然地维持。我甚至开始怀疑，人到底能否改变自己？

幸好，我很幸运地遇到了我的先生——彦宇老师，他也是一名咨询师。在跟他交流咨询难题的过程中，他为我打开了通往精神分析的大门，填补了我上述研究的最后一块拼图——原生家庭的桎梏。

所有无法改变的习惯，背后都有其未被觉知的获益。这是我学习精神分析后感触最深的一句话。以往我只关注如何把“不好的行为、思维”改成“好的行为、思维”，事实上，**好与不好，是出自我们意识层面的认知判断。从潜意识层面来说，每一个当**

下的行为，都已经是我们的本能权衡利弊后，能够做出的最好的选择。本能不一定符合我们当下的利益，却一定有好处存在。比如：自我中心，能够避免我们体验到挫败感；要求伴侣做得比自己父母好，能够安抚我们早年未被正确对待的受伤心灵；情绪化，能让我们避开会激发我们负面情绪的外部威胁；等等。只有探寻出并意识到这些获益，再权衡是否牺牲这些获益换得其他好处，我们的改变才算真正开始。

至此，我的研究暂时有了比较完备的成果，我把咨询中运用上述技能、认知调整和精神分析后行之有效的内容，凝结成了本书。我将以“情绪价值”为展开的视角，解答困扰了我和很多女生多年的情感困惑。

关于情绪价值的定义，我先不掉书袋讲理论，只举一个简单的例子。大家体会一下，就能知道什么是情绪价值了。

你工作时受了委屈，跟伴侣吐槽你的老板：“我这老板不知道是不是傻，工作分配得乱七八糟，还听不进去别人的意见，就知道瞎指挥。”

此时，你的伴侣如果这样回应你：

①“你说这些没用，你怎么不争取做到让你老板无话可说呢？”

体会一下，你是感觉舒服了，还是更生气了？

觉得生气的话，我们换一种回应方式：

②“你怎么整天都这样负能量，我要是你老板，也得说你。”

再体会一下，是不是依然更生气？

那再换一种回应方式：

③“你老板再不是人，还能有我老板奇葩？我跟你说，我老板今天又搞事情了，他把我们叫到一块儿开会，然后……”

这种回应方式或许不会让你更生气，却会让你心里堵得慌，因为Ta对你的事情完全不关心，还期望你关心Ta的事情。

那么，再换一种回应方式：

④“不要不开心啦，雷霆雨露均是天恩，打不死你的能让你更强大。”

这种回应方式应该不会让你生气，也不会让你觉得心里堵得慌，却会让你觉得话题被截断了，似乎不应该继续吐槽，还是会有点不舒服。

最后，我们再试试另一种回应方式：

⑤“可不是嘛，你在他手下工作太委屈了，也太屈才了！”

这种回应感觉如何？是不是觉得这句话简直说到了自己心坎上？感受到自己被对方理解的瞬间，我们的情绪就平静多了。

这五种回应方式带给你的感受区别，就是伴侣情绪价值高低的区别。

“情绪价值”这个词，原本并不是一个心理学概念，而是一个经济学概念。它指的是**顾客购买产品后感知到的情绪收益和情绪成本之间的差值。**

比如，你刚买了一部新手机，你觉得很兴奋、很开心，这种兴奋和开心的积极情绪就是你的情绪收益。接着你打开手机，下载了几个常用的软件，结果发现手机卡顿严重，你转而觉得自己好像上当受骗了或者买到残次品了，有点烦躁和生气，这种烦躁和生气的消极情绪，就是你的情绪成本。

如果你体验到的积极情绪多于消极情绪，那尽管会嫌弃这部手机，但你还是会觉得换新手机是件开心的事情，凑合着用即可；如果你体验到的积极情绪少于消极情绪，那你就会觉得换手机是个错误的决定，并因此想去找卖家退换货或投诉。

化用到亲密关系里也一样。**我们让伴侣体验到的积极情绪和消极情绪之间的差值越大，伴侣对这段关系就会越满意，也会越重视这段关系；反之，积极情绪和消极情绪的差值越小甚至差值是负数的话，伴侣体验到的消极情绪就会越多，对这段关系也就越不满意，重视程度自然也就会越低，甚至会产生分手或离婚的念头。**

因此，要想感情长久，就必须确保你能持续为对方提供足够高的情绪价值。

但提供情绪价值的能力，并不是你想努力提升就可以提升的。像上面那个跟伴侣抱怨老板的例子，你体验过后就会知道，前面四种回应方式，都是给人添堵的低情绪价值的回应，只有第五种回应方式，才能让人感受到高情绪价值。

道理懂了，可当伴侣真的向你抱怨时，你可能还是会不由自主地用原先错误的习惯去回应。因为习惯属于前意识和潜意识层面，不归你的意识管。

以伴侣的第三种回应方式为例，Ta是把话题重点从你的事情转移到自己的事情上。这可能是由于其早年环境中存在比较自我中心主义的养育者，于是该伴侣就习得了以自我为中心的思维习惯，这就是前意识层面的习惯。

要想改变这种低情绪价值的自我中心习惯，意识到自己的自我中心只是第一步，接下来还需要学会换位思考，并加以刻意练习，才有可能改变这个根深蒂固的习惯。

如果完成上述前意识和意识层面的修正，自我中心习惯依然顽强存在的话，那就需要进一步深挖潜意识层面的心理动力。看是早年被养育者过度保护、过度照料，所以不愿自己承担责任；还是由于早年受挫过多，为了回避挫败感，于是抗拒他人的脆弱；抑或有被父母关注的未完成愿望以模式重现的方式呈现出来。找到潜意识动力，并将其潜意识意识化，才能削弱它对当下的控制力。

所以本书不仅会跟你分享我在咨询过程中总结出来的常见的低情绪价值的感情观、认知及行为，还会结合原生家庭的知识，跟你分享容易导致一个人长期处于低情绪价值的潜意识心理动力，最后还会教你完善人格、修炼自身情绪价值的心法。从前意识、潜意识和意识三个层面，为你扫除容易导致一个人处于低情绪价值状态的认知障碍、习惯障碍和心理动力障碍。不仅能让你明白怎么做能让别人觉得跟你相处时舒服，还能让你知行合一地调整自己的认知和行为，从而养成正确的习惯。当然，最重要的是，能让你的Ta越来越爱你。

这本书由我和我的先生合著，尽管前言和全书都是以我个人的视角阐述，但由于写作本书时我正处于哺乳期，所以资料搜集、方向及内容确定、案例选择、录入电脑等工作，很大一部分都是我的先生帮忙承担，在此感谢默默付出的我先生姚彦宇老师。

同时，也感谢负责审校的各位编辑老师，谢谢体贴且高效的张盼老师，校对、修改超级细致耐心的陈经慧、王琇瑾老师，专业、严谨的刘莹老师，我从他们身上学到了很多创作时需要注意的地方。有各位编辑老师的帮助，才有了本书的出版，再次感谢。

苏菲雅

2022年6月于广州

＊本书所用咨询案例皆已删除个人特征信息且经过二次加工。

目 录

CONTENTS

第二部分　让你变成长期关系“绝缘体”的低情绪价值习惯

第四章　负能量满满的感情观，让人想要逃

第五章　让我们受困的不是现实本身，而是内在的认知方式

第六章　管理情绪的关键，是更换你的情绪模式

第七章　如何科学地改掉那些让人心塞的表达习惯

第一部分

所有长久关系的内核
都是价值交换

刚进入一段关系时，我们都会期望自己的感情能够修成正果，期望双方能够从一而终。但现实中，吵架、冷战、出轨、喜新厌旧这些威胁感情稳定的因素总会时不时地出现，挑战着感情双方的忍受极限。

于是，每个人都会用自己信奉的感情维护方式，来避免自己的感情夭折。

有的人信奉“被偏爱的总是有恃无恐”，所以为了让伴侣持续重视自己，会经常暗示对方他只是自己诸多选择中的一个。一旦双方有矛盾了，她就会出去跟其他异性吃饭、约会，以“敲打”伴侣。结果却是伴侣被这顶“绿帽”逼得主动提了分手。

有的人信奉“吵架是破坏感情的最大杀手”，所以对伴侣有什么不满都不会主动说出来，有什么负面情绪都自己忍着。如果伴侣对自己不满，自己就会调整迁就。结果却是，时间久了觉得这段感情让自己太累了，似乎对方不是那个“对的人”，自己产生了放弃的念头。

有的人信奉“观点不一致是冲突的根源”，所以当观点有分歧时，事无巨细地跟伴侣探讨、辩论，想说服对方，期望双方凡事都达成一致意见，无法达成一致意见时就会焦虑。结果就是，他成了永远正确的人，也成了单身的人。

有的人信奉“越难得到的越被珍惜”，所以平时经常给对方出难题，想办法让对方为自己花心思、花时间、花钱，谈婚论嫁时也会提出很多不合理要求，结果往往是对方感受到自己不被尊重并怒而分手。

那么，真正客观有效的长期关系维护原则是什么呢？

不急，在讲怎么维护关系之前，我们需要先为大家讲解一下，一段感情是如何从无到有发展起来的。了解清楚感情的实质是什么，以及一段感情为什么能建立并持续，我们自然就能够理解怎样做才能维护好感情。

第一章

价值交换理论：长期的亲密关系是怎样形成的？

社会心理学家贝克曼在1974年的时候，提出了一个择偶的价值交换理论：将一段感情从无到有再到进入长期稳定关系的过程，划分成四个阶段：取样评估、互惠交换、承诺、制度化。

一对陌生男女能否互相吸引的决定因素是什么？

当一男一女刚认识的时候，男性往往会本能地根据女性的颜值、身材决定是否继续接触；而女性则会本能地根据男性的颜值、身高、物质条件决定是否继续接触。这种对潜在伴侣的价值进行筛选的过程，就是取样评估。

取样评估后，如果认为对方价值不足，那你就会用冷淡的态度表明自己没有进一步交往的意愿。比如，你看到跟你相亲的男生衣服上都是头皮屑，身材单薄，吃完饭付款时，还有点迟疑要不要与你“AA制”，那你回去后可能就不会积极回对方的信息，更不可能主动发信息给对方，而是会转移注意力到其他异性身上，重新开始取样评估。

取样评估后，只有我们认为对方的动物性价值足够高，才会向对方释放出好感信号以增加互动。比如，看到对方衣着得体、身材高大挺拔、工作体面，你会在回去之后发条表示开心的信息，鼓励对方继续主动邀约，且见面后会配合对方的话题聊天，平常会给对方的朋友圈点赞，等等。

如果双方取样评估后都认为对方的价值足够高，就会进入互惠交换阶段。

暧昧期，我们在期待什么？

互惠交换阶段，就是我们通常说的暧昧期。这时期的男女双方会提出更多诉求，以考察对方能提供的价值。同时，双方也会积极提供价值以满足对方的诉求。

这时期最能体现出爱情的盲目性，我们会有很多从自身角度来看，投产比明显过低的行为。比如，有的女生愿意化1小时的妆、坐半小时的车，只为了陪对方去看一部自己完全没兴趣的电影。有的男生知道女生感冒了，会立马送药过去，而且连续几天嘘寒问暖。又比如，双方都可能花大半天时间翻看对方的社交媒体，研究对方感兴趣的领域，只为了双方有更多话题可以聊。

我们之所以会这样劳力费心地改变自己，原因只有一个：这样做是在满足对方的需求。只要对方能够满意、能够开心，即使我们自己没有收益，我们付出再多也是心甘情愿的。

与此同时，对方也会处于这种牺牲自己、过度付出的状态中，感情就这样随着双方互相付出的频率越来越高、付出的价值越来越多而变得越来越亲密。直到其中有一方觉得，在这段关系里自己得到的比付出的更多，或者比自己从跟其他异性建立的关系里得到的价值多得多，这一方便会表白。

是什么让你决定“就是Ta了”？

被表白的一方如果也认为自己在这段关系里得到的价值足够多，便会同意表白，双方正式确立恋人关系，这个阶段就是承诺阶段。

在这个阶段，双方都对自己做出了这样一个承诺：我愿意为了维护这段关系，放弃可能从其他异性那里得到的价值。于是，我们会向其他追求者表示自己“名花有主”了，关系稳定后还会在社交媒体上官宣自己“脱单”的消息，双方正式过上你侬我侬的“撒狗粮”生活。

相比互惠交换阶段的价值付出，承诺阶段的付出更注重可持续性。毕竟两个人是想长久在一起的，一直过度付出是吃不消的。因此，双方进入承诺期后，付出的价值水平整体会比上个阶段低一点，双方会开始考虑自己的需求和感受。比如，女生会由于下班太累而不想专门陪男生去看电影，而男生原先体贴的嘘寒问暖可能也会降级成万能的“多喝热水”。

同时，双方付出的频率比上个阶段高得多，他们会很频繁地进行日常互动，甚至有的情侣过上了同居或半同居的生活，所以彼此付出的总价值依然比上个阶段更多，关系也会变得更加紧密。

什么让你们产生结婚意愿？

随着双方的关系越来越亲密，各自的人生方向都为了对方而有所改变，交集越来越多，且生活中配合得越来越默契，双方都觉得自己离不开对方，还担心对方离开自己，于是希望通过法律认可的方式把两个人“绑”在一起。由此便进入了制度化阶段，双方开始见家长、谈婚论嫁，并最终结婚。

在上述抽象的关系模型中，一段关系从无到有的过程，其实就是双方不断交换价值的过程。随着交换的价值越来越多，双方越发地不愿离开彼此，于是步入长期关系。

也就是说，长期关系之所以能建立，本质是由于双方长期进行了多次价值交换后，都判定这段关系对自己来说投产比是划算的，彼此才建立了关系。

因此，要维护长期关系，就需要双方在关系中持续地进行价值交换，这才是顺应感情发展的客观规律，也是维护感情的正确思路。

第二章

价值分类：你知道Ta需要你的哪些价值吗？

前面讲价值交换理论的时候，我们多次提到价值，比如取样评估阶段筛选对方的价值，互惠交换阶段付出价值——收获价值，承诺阶段的价值交换模式调整。那么，到底什么才是亲密关系中的价值呢？

亲密关系中的价值，可以分为三大类：动物性价值、社会性价值和情绪价值。

动物性价值——人跟动物其实很像

我们可以想想，自然界里的雄性动物找配偶会找什么样的呢？它们会找健康的、能照顾好后代的、不易被其他异性抢走交配的。而雌性动物会找什么样的配偶呢？它们会找强壮有力的、在族群里有地位的、有捕食能力的。

动物对配偶价值的追求，人类也有。

类比雄性动物想找健康、能照顾好后代、不易被抢走的配偶，男性期望的伴侣是容貌姣好且身材好（意味着健康）、有生活技能、忠诚度高且风评好的伴侣。类比雌性动物想找强壮、有地位、有食物的配偶，女性期望的则是身材高大、智商高、社会地位高、社会身份多、收入和固定资产多的伴侣。

和动物相比，人类建立一段长期关系的过程更漫长、更复杂，所以这些价值还需要根据发挥作用的不同阶段，划分成主要在取样评估阶段（刚认识时）起作用的动物性价值和主要在互惠交换阶段（在暧昧过程中）起作用的社会性价值。

男性的动物性价值以生存价值为主。如果一只雄性动物有足够多资源养活自己、配偶和后代，且有能力保护它们不受外部的威胁伤害，那就会有很多雌性动物愿意跟随它。类比我们人类，因为现在是和平年代，所以外部人身威胁不多，对男性保护能力的要求象征性地变成了以对男性的身高要求为主的身材要求，但资源方面的要求跟动物一致，都要求这个男性具备足够多的资产。

女性的动物性价值以繁衍价值为主。如果一只雌性动物面部对称、体形匀称健壮，那就会成为很多雄性动物的关注重点。类比我们人类，女性年轻、容貌对称且女性化、身材匀称，表明其拥有更好的基因质量和更高的生育能力、更合理的身体质量指数、更强的免疫功能，顺利生产和养育后代的成功率就会更高。所以男性看到好看且身材好的异性，注意力自然会被吸引，这是自然选择和性选择作用下形成的心理机制。

把动物性价值细化一下，可以总结出如下表格。

动物性价值	
生存价值为主（男性）	繁衍价值为主（女性）
资产：房、车、存款、收入 **身材**：高、壮 **容貌**：好看、身材对称、干净	**容貌**：好看、对称、爱笑 **身材**：身材比例合适、年轻 **资产**：收入

动物性价值的作用，是决定我们潜在伴侣的基数，也就是你的动物性价值越高，容易被你吸引的异性人数就会越多，那你可以挑选的空间余地就会越大，在感情里的自由度也会越高。这也是为什么男性晚婚有优势，而女性早婚才有优势。男性可以随着年龄增长储备更多资产，以提升自己的动物性价值，吸引更多异性，再从中挑选最优的进行交往。女性随着年龄增长，动物性价值几乎是持续下降的，女性可以吸引的异性数量自适婚年龄逐渐递减，所以女性最好趁自己处于择偶价值高峰期的20~35岁完成恋爱结婚的任务。否则随着年龄增长，每年都需要下调自己的择偶标准。此外，女性最好也别期望有不重视外在美，只看内在美的男性。容貌和身材在认识之初是很重要的，容貌和身材这种动物性价值没达到男性标准的话，连关系的“入场券”都拿不到。对方注意力不在你身上，你有再多内在美也没机会展示出来。因此，在自己能够吸引到的异性基础数量最多的情况下，从这些异性里挑选自己觉得适合的相处，再通过后续的价值交换、角色承担和情绪价值付出，让感情有对抗外界诱惑的能力，对女性来说才是最合理的择偶策略。

上述动物性价值的性别划分只是一个大方向，由于当前生产力的发展和生产结构的变化，男女都能通过努力累积属于自己的资产，于是女性对男性的容貌也重视起来，男性对女性的资产也重视起来。因此，要想最大化自己能够吸引到的伴侣基础数量，在动物性价值方面，无论是生存价值还是繁衍价值，最好都不要有硬伤。

社会性价值——人是社会性的动物

如果双方的动物性价值都通过了彼此的筛选，就会进入互惠交换阶段（暧昧），通过越来越多的日常互动，筛选彼此的社会性价值，看跟对方一起生活对于自己参与社会生活是有利还是有害。

很多动物跟人一样，都有社会结构，但对于动物来说，它们的社会结构较为简单，且在社会结构中只为追求占据高位，以占有更多资源，依然是对动物性价值的追求。人类则不同。人类有文明教化，社会结构复杂，追求社会价值不仅仅是追求背后的动物性价值，更追求现实层面的分工协作。

人类学家在非洲的喀麦隆研究当地土著巴卡森林游民的生活分工后发现，当地的土著女性会协作育儿，一部分女性外出砍柴，她们会把孩子留给另一部分女性照顾。能放心让其他女性照顾自己的孩子，其他女性也愿意合作，是几乎只有人类才能完成的协作。人类学家推测，人类早期的部落就是这样分工的：男性负责外出，进行强体力和有危险性的狩猎活动；女性负责低体力的外出采摘活动和留守协作育儿。因此，女性更被期望在熟人社会中长期建立深度合作关系，而男性更被期望参与陌生人短期合作，并改造外部世界获得资源。或者换个角度说，拥有长期深度合作能力的女性和拥有短期与陌生人协作能力的男性，更能适应早期部落的社会分工，其基因也更可能遗传下来。

也因此，就社会性价值而言，男性更被看重的是陌生人评价为主的社会评价，如社会身份、地位，这些表明其参与社会分工程度高低的价值。女性更被看重的是熟人评价，如身边人对其的看法、伴侣朋友对其的看法、日常表现形成的风评等。

社会性价值细化如下表。

社会性价值	
社会评价为主（男性）	熟人评价为主（女性）
社会身份：行业领袖、老板、经理、主管、公务员、国企员工 **社会地位**：工作类型、地区、人脉资源、管理的资金流水/人员数量 **智商**：学历、学习能力、逻辑、见识	**忠诚度**：异性界限清晰、恋爱投入成本大、先前恋爱次数/持续时间 **风评**：婚姻史、共同好友评价、对方的朋友和家人评价 **生活技能**：做饭、做家务、照顾人、沟通

社会性价值的高低，决定了生活质量的高低。社会性价值越高，说明社会越需要你，社会也因此需要给予你对应的生活保障和便利。于是互惠交换阶段，双方通过在现实生活中接触并确认对方的生活质量，在自己脑海里描绘出一幅共同生活的未来愿景，如果这个愿景让自己足够满意，我们便会产生确定关系的

想法。

此外，尽管我们在讲动物性价值和社会性价值的时候，都是以性别进行区分的，而且事实上，有钱、有权、有地位的男性，漂亮、身材好、风评佳的女性确实更能够吸引异性的注意力，但在现代社会，性别间的区别正在逐渐模糊。因此，女性也要重视提升自身学历、收入、逻辑能力、人脉资源等传统男性化的价值，而男性也要重视提升自身的外表、生活技能、忠诚度、沟通技能等传统女性化的价值。

情绪价值——人是感受动物

确认关系后，双方进入承诺阶段。这个阶段从确定恋爱开始，到进入制度化阶段结束。这个阶段筛选的价值叫情绪价值，指让伴侣感受到的积极体验与消极体验的差值。

跟动物和部落土著比起来，现代人更复杂的地方就在于有想法、有复杂的情感、有复杂的需求，并且活得够久。因此，除了生存、繁衍和正常生活外，还需要双方能长时间进行亲密沟通、能互相理解、能陪伴彼此到老。这些需要后天培养的、影响感情幸福度的价值，就是情绪价值。

情绪价值可以分为认知、情绪、行为模式和人格完善度（情绪、乐观、责任、开放和宜人），细化如下（后续篇章会逐步展开论述）。

情绪价值		
认知模式：遇事会如何解读、有哪些自动思维 **情绪模式**：遇事会有哪些情绪、如何处理自己和他人的情绪 **行为模式**：遇事会采取哪些行动、日常有哪些行为反应和沟通习惯		
人格完善度	情绪	焦虑、敌对、压抑、害羞、冲动、脆弱等情绪多寡
	乐观	积极豁达、热情、能量水平高、做事主动、合群、新鲜感
	责任	胜任角色、处事公正、有条理、成就动机、自律、行事谨慎
	开放	接纳差异、想象丰富、有审美、情感丰富、冒险、喜欢抽象概念
	宜人	容易相处、信任他人、利他、直率、谦虚、有同情心

进入承诺阶段后，双方的现实联系会越来越紧密，甚至有部分人会尝试同居。距离近了，彼此真实的自我便暴露出来。

情绪价值的作用，决定了长期相处中幸福度的高低。你可以想象一下，假如你有两个动物性价值和社会性价值相当的潜在对象，一个自我封闭、自我中心、情绪化、不负责任、刻板、一开口就得罪人、对伴侣要求高、面对矛盾只会将其升级为冲突并扩大冲突，另一个乐观积极、懂得理解他人、情绪稳定、有责任心、有奇思妙想、沟通能力强、能包容他人、能够协调双方矛盾，你更愿意跟哪个人共度一生呢？

低情绪价值的坏习惯越少，越能够容忍对方的低情绪价值习惯，越能够协调双方矛盾的人，相处起来就会越舒服，也就越可能通过对方承诺阶段的筛选，进入制度化阶段。反之，则大都不会被选为结婚对象或维持长期的亲密关系。毕竟我们建立亲密关系的初衷是为了感受幸福快乐，而不是给自己找罪受。

第三章

能否为伴侣提供情绪价值，很大程度上决定了一段感情的成败

如果你问我，动物性价值、社会性价值和情绪价值，哪种价值对于找优质伴侣最有帮助？那我会说是动物性价值。因为动物性价值越高，可以吸引的基础伴侣的数量越多，选到更优质的伴侣的可能性越高。

如果你问我，三种价值中哪种对于提升生活质量最有帮助？那我会说是社会性价值。因为社会性价值越高，可以调用的社会资源越丰富，生活质量也会越高。

而如果你问我，哪种价值是长期关系里最重要的价值？那毫无疑问是情绪价值。情绪价值，尽管是承诺阶段主要筛选的价值，但情绪价值对关系的影响，并非只体现在这个阶段，而是贯穿后续的整段亲密关系。

无论你的伴侣多么富有、多么英俊，要是你们天天吵架，你还是会生气、会累，觉得幸福感下降，并怀疑这段感情是否值得继续下去。同理，如果你的情绪价值过低，无论你条件多好，都会导致你的感情无法长久。

人类终究是一种感受的动物，理性更多是为感受服务的。大名鼎鼎的“吊桥效应”揭示的就是这个原理。1974年，心理学家唐纳德·达顿和亚瑟·阿伦做了一个实验，他们让被试男性分别通过公园、矮石桥、高空吊桥，要求被试者根据一位容貌姣好的女研究员提供的图片编故事。这位女研究员会把个人联系方式留给所有被试者，表示后续想了解实验结论或想联系她都可以给她打电话。实验结果表明，走吊桥的那组被试男性联系女研究员的人数最多，同时这组男性根据图片编出来的故事，带有爱情色彩的情节也最多。这个实验结果以及后续其他类似实验，都印证了情绪认知二元素理论，即：**情绪=生理反应+大脑皮层对环境线索的解读。**

过吊桥时人会产生心跳加速、呼吸急促的生理反应，此时如果看到面前有个漂亮的女生，那大脑就可能把生理反应解读为对这个女孩心动了，并产生兴奋、喜悦的情绪；此时如果看到面前有个壮汉，那大脑就可能把生理反应解读为觉察到了壮汉对自己的敌意，并产生焦虑、愤怒、恐惧的情绪；此时如果身边什么都没出现，那大脑就可能把生理反应解读为自己对处于高空产生了紧张感和恐惧情绪。

套入感情里，如果跟一个人相处得特别舒服，那无论对方是否用心付出，我们都会倾向于认为“他是爱我的”，并因此产生满足感。而如果相处起来经常感觉不舒服，就算对方已经尽力做到最好了，我们也会认为“他不够爱我”或“他不是对的人”，并因此产生愤怒情绪或焦虑情绪。反过来也是一样，如果在亲密关系里你持续让对方体验到糟糕的感受，那对方也会因此有负面情绪，并对感情进行负面评价，进而产生分手冲动。因此，维护长期关系的关键思路，就是在自己舒服的情况下，尽可能地让对方也舒服，而这种让伴侣感受舒服的价值，就是本书接下来要为你详细阐述的——情绪价值。

第二部分

让你变成长期关系“绝缘体”的低情绪价值习惯

第四章

负能量满满的感情观，让人想要逃

我们对这个世界的认知，决定了我们从什么样的角度去定义和思考面临的问题，也决定了我们采取什么措施去解决问题。感情观不现实、不客观的人，在亲密关系中往往对伴侣有不切实际的期待，因此也更容易因失望而产生负面情绪，进而做出失控的情绪化行为破坏关系。

把情绪价值比喻成一栋楼的话，感情观就是这栋楼的地基。如果地基打得不扎实，即便楼体的质量再好，也容易倒塌，那盖楼就没有任何意义。

理想化：爱我你就应该懂我！

小行跟男朋友逛街的时候，看中了两款项链，一款要两千多元，另一款要一千多元。她特别纠结要选哪一条，试来试去也没法做决定。问男朋友哪条项链好看，男朋友也只是“直男”式地回应她“都好看”。于是小行决定先不买，跟男朋友逛逛再说。

逛完街往回走又经过那家店时，小行再次进店，把两条项链又试了一遍。男朋友见小行如此纠结，就告诉她，如果两条都喜欢的话就都买，当是送给小行的礼物了。男朋友提到礼物，小行就想到了几天后的情人节。她心里想着，男朋友知道自己很喜欢这两条项链，到时应该会从这两条项链里选一条作为礼物送给自己，这样既能够确保他送的是自己喜欢的东西，又能够保持一点惊喜感，一举两得。所以她就找了个借口，说项链跟自己穿衣服的风格不太搭，然后就跟男朋友回去了。接下来的几天，小行都满怀期待地等着男朋友在情人节送自己项链。

转眼情人节到了，男朋友约小行出去吃饭，席间他拿出一个精心包装的礼物给小行。小行特别开心地拆了起来。可拆开后她发现，礼物是一个护肤品套装。男朋友还特别得意地表示自己是跟很多女生请教护肤品知识后才挑的这套护肤品，一定可以帮小行解决痘痘问题。

小行顿时一股失望和愤怒涌上心头，跟男朋友说："你要是嫌弃我长痘痘，你就找别人谈恋爱去，我不用你来帮我治痘痘！"男朋友花这么多心思给小行挑礼物，不仅没有被夸，还莫名其妙地被怼，也生气了，两人当天不欢而散。

隔天，两个人的情绪都缓和了些，男朋友问小行为什么那么生气，小行表示："我那天逛街试了那么多次项链，就说明我想收到的礼物是项链，而不是护肤品！你明明知道的！"

男朋友觉得很委屈："当时我说要买，明明是你说跟你风格不搭才不买的呀！"

小行恨铁不成钢地叹气："唉，我只是嘴上那样说。你要是爱我就应该懂我的呀！不懂就说明你还不够爱我。”

男朋友顿时觉得很无语。

很多恋爱经验比较少的女生，都会对爱的作用有过于理想化的想象，比如上例中的小行就认为，爱她就应该懂得她行为背后的细腻想法，懂得她不曾表达出来的感受。

她期望男朋友能通过她反复试戴那两条项链的行为，看出她很喜欢那两条项链，进而理解她说的“跟衣服风格不搭”只是随便找的借口，从而让他有机会给她制造一个惊喜。她还期望，男朋友通过她在收礼物时的那句“你找别人谈恋爱去，我不用你来帮我治痘痘”，可以理解她是因为没收到想要的项链而生气，是因为男朋友没有花足够多的心思去揣摩她的需求而失望，进而还要知道怎样安抚她的情绪。

类似的情况还有，一些女生伤心了会默默自怜，对方关心自己时还会强笑着说“我没事”来拒绝对方的关心，等对方远离了又哀叹“果然他不懂我”。等对方回过味来觉得不对劲了，继续表示关心，这些女生还是闭口不言，仿佛丧失了语言功能，让对方猜得焦头烂额，而且对方每猜错一次，女生就会在心中默叹：“唉，果然他不懂我。”

这种不说清楚想法和感受，期望自己只需要像个婴儿一样“咿咿呀呀”地由着本能发泄情绪，伴侣就能理解自己的所思所感所需的想法，是被无条件照顾的不合理愿望。就算两个人一起经历同一件事，这个过程中双方的关注点也会有很大差异，对方不太可能准确猜到你为什么有情绪。

上面这个案例，我们切换到小行男朋友的视角，来看看他的内心世界正在上演什么。

我是小行的男朋友，今天陪小行逛街，她拿两条项链来回试了得有十分钟，问我哪条好看。两条看起来差不多啊，要是她没说我还分不清是两个款式，跟她今天戴的也差不多，跟她之前买的那三条也差不多，我只能说“都好看”了，这个答案最保险。她说不买，那就继续逛了，按照这走走停停的速度，我看这条街没1小时应该是逛不完了。啊！好想回家玩游戏，试试我昨天刚买的新装备，要不先翻翻攻略好了，要不然逛街也是浪费时间。

终于要回去了，逛了四十分钟，啊，要命啊！我要死了。怎么她又进这家首饰店了，那个店员的眼神好像要杀人一样，随便买一条吧，要不太尴尬了。“两条都喜欢的话就都买了吧，当我送你的礼物了。”怎么没反应？她在发呆吗？跟穿衣风格不搭？这是什么逻辑？她衣柜里那一整排衣服是拿来收藏的吗？不买那别试了，我们快走快走，感觉那个店员都快拿刀出来了。每次逛街都是这样，几家店反复出入，搞得店员都翻白眼了，我都不好意思了。不知道她为什么能这么理直气壮地在那里试来试去。

小行最近一直跟我说她脸上长痘痘，人都变丑了。我也没觉得有什么区别啊，就那么小的几颗痘痘，感觉除了她就没人在意。过几天就是情人节了，我找几个女生推荐下祛痘产品，买给她当礼物吧，女人都是爱美的，送这个准没错。

从男朋友的角度来看，首先，陪小行逛街就已经是他的一种付出了，因为这对他来说是一件没什么乐趣而且很累人的事。

其次，男朋友不买项链是很正常的事情。因为在此之前，小行也有过多次重复出入同一家店试东西的经历，男朋友很难区分她哪次是真不要，哪次是假不要。

最后，男朋友买祛痘产品，也是花了心思揣摩小行的需求。只是小行说自己长痘变丑，可能更多是希望男朋友夸她好看，而不是需要祛痘产品，但这也不应该成为指责男朋友对她不关心、不用心的理由。

一旦信息同步，我们就会发现，做这类人的伴侣是很委屈的一件事。这类人的伴侣为了达到对方的要求，需要花很多精力去揣摩对方的心思，猜测对方的需求。猜对了固然皆大欢喜，可猜错了就是天雷滚滚。大部分男生不善表达，他们大多数不会像上面这样，把从自己角度看到的东西都捋清楚，从而论证自己行为的合理性，进而让女生感受到他们的用心并消气，他们更多只能表现出无语、烦躁和生气的情绪。

沟通本身就存在误差，你脑子里想的，跟你说出来的本身就有偏差；你说出来的，跟他听到的又有偏差；他听到的，跟他理解的还有偏差。就算你们绞尽脑汁去沟通，双方也难免会有误解，更别说你还期望自己不说话或说反话对方就能理解你，这基本是不可能的。正因此，沟通才会成为一门亲密关系中必修的学问。

如果你说，你知道让对方猜中你的心思很难，但正是因为难，才能够证明他的爱，你需要通过让对方绞尽脑汁猜测你的想法，从而感受到被重视、被爱。那我只能说，我更建议你先证明自己也很爱他。

“行有不得者皆反求诸己，其身正而天下归之”。当你觉得伴侣不够懂你的时候，你是否反思过，你自己又有多懂他呢？

当然，我也知道被理解、被懂得是一种让人感到被爱的体验，但是“爱你”，并不意味着他生来就“懂你”。“懂”是一种默契，是需要长期相处才能培养出来的心照不宣的配合。在这种默契形成之前，你需要承担好该承担的沟通责任，至少把自己的行为解释出来，把自己的感受表达出来，帮助对方更好地理解你，更懂得如何去爱你（具体的表达技巧，详见第六章“让‘理性的我’凌驾于‘情绪的我’之上”中的“情绪表达”训练内容），而不能一股脑儿地把沟通的责任强加到对方身上，让对方把恋爱谈成了做阅读理解。

如上案例，小行期望男朋友从那两条项链中买一条给自己当情人节礼物，那可以在准备回家的时候，跟男朋友明确表明这次逛街自己有想要的东西，但比起自己买，更希望由男朋友送，然后让他去猜你喜欢的到底是哪一条项链。

当小行收到不喜欢的礼物时，期望男朋友理解她为什么生气，就应该说：“我上次逛街已经给了你很多暗示，我本来还以为你懂我，给我惊喜的，期待了好多天，没想到你居然送这么不浪漫的东西，气死我了！”

当然，最关键的还是小行得降低对男朋友的期望，不要期望这个跟自己年龄相仿且认识不久的大大咧咧的男生能跟自己肚子里的蛔虫一样了解自己，这不是爱的能力，而是读心术。

感情Tips

收礼物的正确思路

如果你既想在收礼物的时候收获惊喜，又担心伴侣挑的礼物不合你心意，那你们可以各自列一张自己期望收到的礼物清单交给对方。需要送礼物时就各自从清单里挑，虽然惊喜度会有所下降，但至少能让你们在互送礼物时更有默契、关系更加和谐。

反“人性”：他爱我就不会偷看其他女生！

有一天，小有跟男朋友在外面吃饭时，发现坐在她对面的男朋友的眼神很不自然地往她身后瞄了两眼。小有借口上厕所离开，回来的时候发现，原来他们后桌坐了一个穿着低胸T恤的女生，男朋友刚刚就是在瞄她。

小有当下就黑脸了，全程不再跟男朋友说话。直到回到车里，男朋友再三追问，她才一边哭一边生气地控诉男朋友的“出轨”行径。男朋友又是道歉又是拍胸口，保证以后绝对不再看别的女生。但小有还是不原谅他，觉得“他爱我就不会偷看其他女生”，男朋友的这种行为是出轨的前奏，一次不忠，百次不用。

结果男朋友也生气了，觉得自己就是看了两眼，什么事情都没做，小有就给自己判了“死刑”。自己平常为小有付出那么多，就因为这么一件小事她就不信任自己了。两个人都觉得对方太过分了。

做咨询的时候，我经常会遇到跟小有有类似困惑的女生：

“老师，他逛街时盯着别的女生看了好几秒，我应该跟他分手吗？”

“老师，他跟我约会时总是想跟我开房，然后对我动手动脚，他是不是只想占便宜，不是真的爱我？”

“老师，我在他手机里看到了好多‘小黄片’，他是想出轨吗？”

几乎每个女生都会因为自己男朋友的注意力放到了其他异性身上而感到焦虑，或由于男朋友过于关注“性”而焦虑，甚至会因此考虑分手。事实上，我们大可不必如此，因为这些都只是“人性”中的一部分而已。

所谓“人性”，严格来说，应该是人的动物性，是人的本能。人类尽管是万物之灵，但终究也是动物，摆脱不了一些本能。也因此东周战国时期思想家告子才会认为吃和性是人的本能追求，提出“食色，性也”的观点。所以，性是恋爱中绕不开的一个话题。

男女之间，会由于繁殖成本的不同，在性这一点上有不同表现。

对于男性来说，他们的繁殖成本低，只要能够成功发生关系，最快只需要几分钟甚至几秒钟就能完成一次繁殖。且一个男性一天还能跟多个异性进行繁殖，繁殖过程中和繁殖结束，他们的自身状态几乎不受影响。于是，那些勇敢主动地跟异性尝试发生关系的男性，基因更可能流传下来，这导致现代大部分男性或说雄性哺乳动物，在面对性时的本能反应都是兴奋。

反观女性，她们的繁殖成本则要高得多。整个繁殖过程痛苦而漫长，而且对身体有损伤。于是，谨慎挑选伴侣、有远见且对物质要求高的女性更能保障后代存活，基因也更可能流传下来，这导致现代大部分女性或者说雌性哺乳生物，在面对性时的本能反应都是恐惧和焦虑。

当然，人除了“人性”（动物性）之外，还有道德、法律、文明教化和自我功能可以对人施加约束。但我们身体进化的速度，远跟不上文明的演进，我们不可避免地要带着很多“过时”的身体本能机制，艰难地适应当下的现代社会。面对性的本能反应，就是一种被筛选后留下来的原始机制。

恐惧和焦虑驱使女性更追求稳定性和确定性，所以女性对安全感和物质保障更关心，物质基础也就成了女性筛选伴侣时的重要基础价值。男性对性的本能感受是兴奋，兴奋驱使男性更关注能引起自己性兴奋的刺激，所以男性对于美女和性感的身体总是会本能地格外关注，颜值和身材也就成了男性筛选伴侣时的重要基础价值。

因此，男人对性、对性感异性的关注，其实只是一种本能的动物反应而已。无论是看色情影片、美女图片、街上的性感美女，还是想方设法地跟女朋友发生关系，都不说明这个男人想出轨或者只想占你的便宜或不爱你。这只说明，这是一个性取向正常，而且身体正常的男人。期望男朋友对美女和性感的身体目不斜视，或者期望男朋友婚前守身如玉，婚后只对你的身体欲罢不能，都是反人性的期望。

面对自己无法接受的“人性”时，很多女生都会通过“要承诺”的方式，期望伴侣用理性克制他的人性阴暗面。比如，要求男朋友承诺不会再看其他女生，承诺爱自己一辈子，等等。如果男生不愿做出承诺，女生还会觉得他心里有鬼，进而更加生气，直到男生做出承诺为止。

要到了承诺，这些女生就心安了，觉得自己又规避了一个感情风险。但现实情况却是，做出这些承诺的男生几乎百分之百都会“破戒”。因为能约束“人性”的，不是承诺，而是双方的共同努力。

男性好色是“人性”，与其要求男朋友不看任何异性，然后时刻盯着他，不如后撤给他留出幻想的空间，甚至可以跟他讨论他的幻想对象有哪些地方吸引他。这既能帮助他更好地释放出轨冲动，又可以帮你了解他对伴侣的期望，从而确定自己调整的方向，还能防患于未然地确定有哪些特质的异性对你有真正威胁。

喜新厌旧也是“人性”，同一个外界刺激反复出现，人体验到的感受的刺激性就会逐渐下降，这是感觉的适应性原理。如果身体缺乏这个机制，那我们离开温暖、湿润的母体后的每一天，都会被外界的各种声、光、味道、温度刺激得分分秒秒都一惊一乍的。期望“爱我一辈子”的承诺可以消除感觉的适应性对关系的影响是不现实的。正确的应对思路，应该是思考怎么让双方持续给彼此带来新的刺激，比如一起体验之前没做过的活动、换个城市生活、保持对自我的提升改造、保持对这个世界的探索、经常变换穿衣风格等。

趋利避害也是“人性”，更是经过大自然筛选下来的所有生物的本能机制。连猫、狗都知道看到经常打自己的人得躲着，看到经常给自己带小鱼干的人就得去缠着，人自然也会本能地靠近那些让自己觉得舒服的人，远离那些让自己难受的人。

期望“永远不冷战、不分手”的承诺可以让一个人永远守着你是不现实的，正确的应对思路，是从对方的感受出发以利诱之、以害劝之。比如，你不希望他跟你冷战，那你可以在双方有矛盾时多承担沟通责任，表达清楚自己的诉求和感受，澄清对方的诉求和感受，求同存异，而不能遇到矛盾就甩一句，“哼！你不听我的我就不理你了”，然后夺门而出。比如，你不希望他跟你分手，那你在相处过程中就要多考虑他的感受、多满足他的需求、多提供价值给他，让他觉得离开了你是个天大的损失，而不是得到承诺后就肆无忌惮地闹脾气，让他在离开你时只觉得一身轻松。

人类不是完美的艺术品，不要期望我们的伴侣跟圣人一样永远“温良恭俭让”，感情里反人性的期望越多，伴侣需要负担的责任就越沉重，对这段关系的排斥感也就越强。尊重人性不完美的客观事实，顺应人性的规律，协作配合，增强双方的自控程度，才是维护感情的正确思路。

感情Tips

变心焦虑

女性对于关系中男性可能变心的这种焦虑不应该被苛责，这也是一种本能的动物反应。男性变心，意味着他不再提供物质保障，那女性就需要负担更多，甚至是独自承担沉重的繁殖成本。在部落社会，长达几年地拖着生产力减半的身体，还要照顾、保护一个没有任何战斗力的婴儿，这是一件可能致命的事情，应该为此焦虑。但是，女性也要清晰地意识到，如今的现代社会，婚生子女和非婚生子女的养育，都有法律强制规定父方需要承担的义务①，个人的生育成本则有社保和生育保险分担②。除了生育过程和生完前几年需要依靠家人、朋友外，只靠个人的生产力足以维持自己和后代的体面生活，无须为男性可能变心而过度焦虑。离开了谁，你都可以活得很好。

---

① 《中华人民共和国民法典》第1071条规定："非婚生子女享有与婚生子女同等的权利，任何组织或者个人不得加以危害和歧视。不直接抚养非婚生子女的生父或生母，应当负担未成年子女或者不能独立生活的成年子女的抚养费。"

② 《女职工劳动保护特别规定》第七条规定："女职工生育享受98天产假，其中产前可以休假15天；难产的，应增加产假15天；生育多胞胎的，每多生育1个婴儿，可增加产假15天。"

第八条规定："女职工产假期间的生育津贴，对已经参加生育保险的，按照用人单位上年度职工月平均工资的标准由生育保险基金支付；对未参加生育保险的，按照女职工产假前工资的标准由用人单位支付。"

信任&被弃焦虑

对伴侣忠诚度的不信任，根源是对自己的不信任。是“你”不相信“你自己”可以一直吸引伴侣在先，才会有“你”不相信“伴侣”会一直跟你在一起在后。期望通过伴侣自我约束或表忠心的方式来缓解你的被弃焦虑，是治标不治本且会伤害伴侣感受的竭泽而渔。想从根源上缓解自己的焦虑，价值才是王道。担心伴侣觊觎的仅是自己的身体，应该做的不是跟防贼一样，在他面前把自己捂得严严实实的，而应该让自己有远超过身体价值的社会性价值和情绪价值。担心伴侣出轨，不是应该划清界限减少付出，而是应该了解伴侣的需求，向他提供他人无法轻易替代的价值，让他基于对你价值的需要而自我约束。

性

女性的恋爱初衷，大都是为了悸动、浪漫的恋爱体验；而男性的恋爱初衷，则大都是为了性或性幻想的满足。婚姻中丈夫出轨的高发时期，也多是妻子处于孕期和哺乳期等不适合发生关系的时期。因此，无论是婚前还是婚后，女性都必须重视伴侣的性需求。发生关系不一定是原始的肉体结合，性不仅是制造身体快感的过程，更是双方放下社会化面具，探索彼此，体验亲密、被接纳和放松的过程。比起生理层面的性满足，追求心理层面对彼此性需求的允许、迎合和默契，才是让性成为关系黏合剂的正确思路。

角色排序要求高：爱我就应该把我放在第一位！

周末，小不跟男朋友依偎在沙发上时，聊起了未来的共同规划。小不来自南方，是家里的独生女，到了北方工作后经常流鼻血，饮食上也不习惯，她希望在大城市打拼几年后，跟男朋友一起回南方买房、结婚、生活。她觉得将来和自己的父母生活在一起日子会过得比较安心、舒服。小不的男朋友是北方人，也是独生子，而且男朋友的父母还是老来得子，男朋友刚工作时其父母都已退休，所以他希望以后离家近点儿，好尽孝照顾父母，所以他提出在北方买房，等小不的父母年纪大了，就把他们接到北方来照顾。

男朋友刚说完自己的想法，小不就红着眼眶开始抽泣。男朋友被吓到了，忙问她为什么哭。小不哽咽了很久说："你规划未来时，放在第一位的是你父母而不是我，这说明你根本不爱我，爱我就应该把我放在第一位！"

男朋友解释："那我当然得考虑我父母的感受呀，总不能他们辛苦把我养大，我却一走了之不管他们吧？"

小不继续哽咽："那以后跟你父母一起生活，他们跟我有矛盾的时候，你是不是也会要求我迁就他们？！你说！"

男朋友顿时觉得很无语。

希望伴侣事事把自己放在首要位置，几乎是每个女生的愿望，毕竟每个女生小时候都做过公主梦。

但在现实中，这个愿望却总会落空。如上例中，小不期望男朋友规划未来时，能把她的感受和想法放在首位，但男朋友首先考虑的却是自己的父母。

类似的例子现实中还有很多。比如，下班后女生期望伴侣陪自己，可伴侣不是打游戏，就是约朋友喝酒；女生期望伴侣周末陪自己逛街，可伴侣为了业绩和加班补贴跑去公司加班；女生期望伴侣远离一切异性，可伴侣却一直跟某几个异性好友保持来往。总是会有很多瞬间，让我们觉得“我对他来说似乎并不是最重要的人”。

那我们到底是应该想办法让伴侣更重视自己，还是应该放下对“一定要被他放在第一位”这件事的执着呢？

答案自然是后者。原因很简单，对方有自己的人生规划，不可能因为跟你恋爱或结婚，就放弃或颠覆他原有的人生。

很多人会有种错觉：两个人相爱之后，生活中的一切都会为这段感情让步，亲朋好友甚至工作都会自动成为这段感情的陪衬并提供助力。两个人从此可以像双星系统一样，一直只围着对方转。

现实情况却往往相反，每段社会关系对我们的角色期待，都在抢占我们有限的时间、注意力和意志力，因此会阻碍我们的感情发展。

“朋友”的角色期待我们信赖对方、帮助对方、经常联系；

“同事”的角色期待我们配合工作、维持和谐；

“职员”的角色期待我们准时上下班、完成KPI、做好职业规划；

“儿子/女儿”的角色期待我们关心、陪伴、孝顺、照顾父母；

“恋人”的角色期待我们关心对方感受、亲近对方、忠于对方；

“丈夫/妻子”的角色在“恋人”角色的基础上，还期待我们主动为伴侣分担现实压力和风险、融入对方的生活；

“父亲/母亲”的角色期待我们关心子女、照顾子女、保护子女、教育子女。

每一段社会关系的另一端，都是一个对我们有所期待的主体，为了迎合对方的期待，我们就需要消耗一部分时间、注意力和意志力这些心理资本去扮演特定的角色。这也是我们都会觉得小时候最快乐而越长大越累的原因。年龄越大，社会关系越丰富，承担的角色越多，外界对我们的期待就越复杂，我们的时间、注意力和意志力也就越不堪重负，自然觉得累。

为了确保自己有限的精力可以满足社会关系对我们的期待，我们每个人都会无意识地按照自己认为的重要程度，给这些角色排先后顺序，用以指导精力分配和在不同角色之间有冲突时帮助我们做出取舍。这种对角色优先性的排序，就是一个人的人生观。

人生观背后是人生的意义，具有相对稳定性，期望你的出现可以立马改变一个人的人生观是不现实的。

比如上面小不的例子，在两个人探讨未来的时候，她完全无法理解，自己才是跟男朋友过后半辈子的人，为什么他放在第一位的是他父母而不是自己。

这里以一个我接手的咨询为例，带大家看一下男生视野可能看到的东西。

有个女生找我做咨询，遇到的问题跟小不的情况类似。规划未来时男朋友坚持要去他父母所在的城市工作和买房，就算女朋友拿分手威胁也坚决不动摇，两人已经因此闹了几次分手。

她男朋友为什么如此坚持呢？因为在遇到她之前，他的人生观里排序第一的角色就是“儿子”，其次是“职员”。他的人生最重要的意义，就是通过自己的努力，让父母过上舒服且被亲戚们羡慕的生活；其次则是努力工作，出人头地。

有这样三件事，锚定了他这两个人生意义。

第一件事，读小学和初中时，父母为了让他在重点学校上学，勒紧裤腰带硬挤在只有四十平方米，而且离工作地点较远的学区房里生活，每天上下班往返要一个多小时。

第二件事，他初中时性格叛逆、要面子，在学校跟同学打了架，就是不道歉。学校要劝退他，平常脸皮特薄的父母跑了很多趟学校和校领导家里，赔笑脸、求情、做保证，他才得以继续读书。

第三件事，上大学时有一次他临时决定回家，想给父母一个惊喜，结果进门后发现父母正在吃饭，饭桌上只有两碗粥、一盘炒生菜和一碟咸菜，跟他寒暑假在家里天天吃的四菜一汤简直是天壤之别，冰箱里也几乎是空的。听父母讪笑着说“怎么回来也没说一声，我们最近胃口不好吃得少，这菜可不够你吃，等我出去买……”时，他一个一米八的大男孩当场就哭了。可就是这样的家庭条件，父母却让他读了县城里最好的小学、市里最好的初中和高中，高中还上了两年补习班，他读完本科父母还供他读了研究生。

对于有这些经历的他来说，努力工作、出人头地、让父母的付出有回报，同时让辛苦了大半辈子的父母可以松口气享受生活，自然是他当下毋庸置疑的人生意义。

此时，遇到一个彼此有好感的女生，他确实会减少陪父母的时间和花在工作上的时间，从而扮演好“男朋友”的角色，但也仅限于此。“男朋友”这个角色跟“职员”角色发生冲突时，他或许会妥协；但“男朋友”的角色和“儿子”的角色发生冲突时，他是不可能妥协的，这会推翻他的人生意义。

很多女生都会有这样的不合理愿望。比如，因为男生的孝顺而选择跟他在一起，但在一起之后又要求他把自己放在比他父母更重要的位置上。又比如，女生是因为男生工作上进积极而选择跟他在一起，但在一起之后又要求他放下工作多陪自己。

如果你期望一个男生跟你恋爱后就推翻自己原有的人生意义和对角色的排序，那你是高估了自己的影响力。退一步讲，假如他真的能做到因为你而改变原有的人生意义和人生观，那你敢跟他建立长期关系吗？面对一个如此善变的人，难道你就不怕哪天他遇到了一个“更重要”的人，然后你也被突然“翻篇”成为过去式？如果一个男生可以随意放弃把自己养大的父母，那你觉得你得牺牲多少才可能让他对你死心塌地？

婚姻的作用是繁衍、分担生活成本和分摊人生风险，选择一个有责任感的伴侣，他才不会在完成繁衍后，面对沉重且繁杂的生活成本和高昂的风险就弃你而去。拥有相对稳定且符合社会期望的人生观，就是“角色胜任”，是一个人有责任感的体现。反之，那种为了“爱情”，不顾世俗评价，几乎放弃了其他角色的人，往往会在你遇到人生危机或年老色衰时离你而去，或在面对诱惑时就拍拍屁股重新追求他的“真爱”去了。你以为这种人爱的是你，事实上他爱的只是这种为爱牺牲的自我感动、自我陶醉的感觉，他爱的是他自己。

选择人生观相对稳定的伴侣，尊重他原有的人生观，放弃让对方为了你而改变人生观的愿望，变“改造”伴侣的人生为“融入”伴侣的人生，你的感情就能避免许多不必要的冲突。

希望伴侣降低某个角色的重要性，你需要做的不是下命令，而是了解对伴侣来说这个角色背后的社会关系有什么价值，并尝试提供这种价值。

在对待异性好友的问题上，很多女生都会对伴侣的异性好友特别警惕，恨不得确定关系后就把对方手机里那些异性朋友全部删掉，这同样也是过度干涉对方人生的行为。

我就接过这样一个咨询。前来咨询的女生知道自己男朋友有个已经认识了五年但没见过面的女网友后，要求男朋友把那个女网友的联系方式删掉。男朋友有点儿不乐意，女生就生气了，觉得他是在给自己留后路，是在“养鱼”。为了缓解女生的情绪，男朋友不情不愿地把那个女网友删了，但随后对女生的态度也变冷淡了。女生认为，男朋友的态度变化这么明显，恰恰说明他重视、喜欢那个女网友，所以更加生气。两个人心里都窝着火，进入半冷战状态。

那么，我们从男生的视角看一看。

那个女网友是他在网上玩游戏认识的，一开始因为玩得来，所以加了好友，偶尔一起约着玩游戏。后来虽然两个人都不玩游戏了，但因为聊得来，就会时不时地聊天，更新一下彼此的近况。由于两个人的生活完全没有交集，影响不了彼此的实际生活，所以两个人反而成了交心的朋友。女网友和男朋友吵架或失恋伤心时，男生会帮她分析问题，开导她；男生和女朋友吵架或对未来、工作感到迷茫时，女网友也会教他怎么跟女朋友沟通，并给他信心。两人虽然没见过面，但看过彼此的照片，都觉得对对方没感觉，所以就一直保持这种网络朋友关系。

男生在女朋友的压力下把女网友删了后，心里觉得很对不起女网友，想到她发现自己被删后的不解和伤心，就觉得特别愧疚。同时，他也因女朋友对他的不尊重和强硬感到生气。按以往的习惯，他遇到这种感情烦恼都会找女网友聊天并寻求建议，现在女网友被删了，他连情绪出口都没有了。想到以后可能都得压抑自己的情绪，他就开始后悔谈这段恋爱，对女朋友的态度也冷淡了。

可能很多女生听完男生和女网友的经历后，会更想把她删掉。因为她对男朋友来说实在太重要了，重要得让人嫉妒。但我们其实不得不接受一点：**在你出现之前，你伴侣的人生里很可能有其他女生，远比现在的你更重要。**

没办法，因为伴侣并不是老天爷专为你制造的工具人，他有自己的自我意识，会按照自己的需求去构建他的社会关系网络。他不可能单身二三十年对任何异性都敬而远之，然后一遇到你又爱得死去活来。势必会有其他女生在你出现之前就参与了他的人生，扮演了有一定分量的角色。如果你期望自己的出现能让他立马抹掉其他女生的“戏份儿”，同样是高估了自己的影响力。

但好消息是，尽管现在你的重要程度还不够高，但你未来可能变成远比他人生中其他女生更重要的人，因为对他来说有一定分量的女生，就是来告诉你方法的人。你可以通过了解他为什么离开前任，从而知道跟他相处时有哪些雷区不能碰。可以通过了解他为什么跟一些异性保持朋友关系，知道他在关系里有哪些情感诉求需要被满足，以及哪些异性特质对他来说是有魅力的。

如上例，女网友对男生来说，可以满足他处理感情矛盾的诉求、被倾听的诉求、缓解迷茫和焦虑的诉求。因此，如果这个女生希望他把寄托在女网友身上的诉求放到自己身上，那就需要学会扮演“情感导师”“人生导师”的角色，通过满足男生的这些情感诉求让他更加重视自己，而不是在自己没能满足男生这些诉求的情况下，斩断他的社会关系。

同样，如果期望伴侣少玩游戏，那自己就多带给伴侣轻松快乐和成就感；期望伴侣不出去喝酒，那自己就尽力缓解伴侣的压力；期望伴侣不整天忙工作而多陪自己，那就多赚钱或在工作上帮助伴侣，让他不用投入那么多精力在工作上。

希望自己对伴侣足够重要，那你需要做的不是强硬地摧毁他原有的生活，删除他生活中原有的其他关系，而是对他原有的生活保持好奇，了解他重视的那些关系存在的意义，透过关系去思考并满足他的诉求。你越能够满足他的诉求，他越离不开你，你才能越重要。

但就算你拥有满足伴侣大部分诉求的能力，你也需要意识到，自己不是永动机，没办法永远做到围着对方的诉求转。所以你还是得接受，有时候需要允许他跟异性好友聊聊天、玩玩游戏、出去喝酒，否则你早晚会被疲惫和不公平的感觉反噬而迁怒于对方。你可以降低他人生中其他角色的重要性，但你永远不可能让他的人生里只有“男朋友/丈夫”这个角色。

需要注意的是，在处理异性好友这件事上，如果他重视的异性不是老朋友，而是只认识几个月的“姐姐妹妹”，那你就需要谨慎观望了。到底谁才是他的女朋友，还真不好说。又或者他重视的所谓“好朋友”，其实是他多年求而不得的“白月光”“朱砂痣”，并因此对你有所保留，那你就要考虑清楚，没必要以备胎角色开始一段地狱级难度的感情。

对方对“伴侣”角色的投入程度，取决于你对“伴侣”角色

的投入跟对方预期之间的差距。

每个人都会有对伴侣不满的时候，就像有句话说的一样：“再恩爱的夫妻，一生中都有100次想离婚的念头和50次想掐死对方的冲动。”

女生对伴侣的不满，一般集中在觉得伴侣不够关注自己、不够关心自己的感受、陪伴太少这三类事情上。但往往我们意识到自己有上面这些诉求的时候，已经对伴侣有所不满。因此，我们提出这些诉求的时候总是带着强烈的负面情绪，往往是通过下命令、发脾气、删除、拉黑等会伤害对方情感的方式提出诉求，自然对方的反馈也不尽如人意。

想让伴侣对自己更好、付出更多，不应该在对方“没做好”的情况下才怨气满满地采取行动，而应该在平时就多引导他付出，提高他付出的基础水平。正所谓“求其上者得其中”，这样就算他偶尔做得不尽如人意，也远比他之前做得好。

很多人在引导伴侣付出的时候，总以为是通过某些话术或技巧去引导对方，比如赞美、认可、正强化、间歇性强化等。这些技巧和思路不能说没用，但并不是起关键作用的部分。一个人之所以会心甘情愿地为你付出、对你好，关键是两个因素，一个是他认可你的价值，另一个是你对他足够好。

要是他不认可你的价值，你们也不会在一起，所以关键的因素就剩下一个：对他足够好。

怎样才算对他足够好呢？那就是你扮演好自己的伴侣角色，

好到超出对方的预期。

前面我们说过伴侣角色的基本义务，“恋人”的角色期待我们关心对方感受、亲近对方、忠于对方。“丈夫/妻子”的角色在“恋人”角色的基础上，期待我们主动为伴侣分担现实压力和风险、融入对方的生活。

关心对方的感受，要求你情绪稳定、沟通耐心、做事情为对方着想；亲近对方，要求你接受跟对方有肢体上的亲密互动，愿意坦诚交心，分享彼此真实的想法；忠于对方，要求你心意专一，不能“养鱼”“养备胎”“认干哥哥干弟弟”，感情有矛盾时不能动辄找“男闺密”，用“绿帽警告”逼男朋友妥协；主动分担现实压力和风险，要求你能做家务活儿、能照顾对方、做决策时有自己的主意或建议、信任对方的能力和人品；融入对方的生活，要求你不能公开跟对方的朋友闹矛盾、跟对方的家人融洽相处、替他照顾他家人的感受、懂人情世故。

你越是一个合格的女朋友或妻子，对方约束自己做合格的男朋友或丈夫的概率就越大。你只做好你该做的事，给对方自由，不去逼迫对方，对方反而会体验到一种道德上的愧疚感而想主动付出，而且他也能从你的行为中学会正确的付出方式。在动力和认知上都帮助他付出，才是引导付出的正确思路。

当然，有一部分男性看着你付出后，只会觉得理所当然，而不会有愧疚感。这是由于我们文化中的典型夫妻模式是男主外、女主内。因此，有部分男性现在依然会认为照顾家人、料理家务就应该是女性的责任，自然不会因为看到你付出而心有愧疚，甚至压根儿忽略你的付出。针对这一类男性，我们除了扮演好伴侣角色外，还需要多做一项工作：强调自己的付出。

强调自己的付出，不是像怨妇一样跟对方反复强调你的牺牲，而是状态轻松地去向他邀功。比如，在他心情好的时候、其他人夸你对他好的时候、看到其他情侣或夫妻吵架的时候，对着他喜滋滋地来上这么一句“你看，跟我在一起多幸福，×××（你做的对他好的事情，比如‘你衣服随处乱扔我不仅没生气，还总是屁颠屁颠地给你洗好、晾干、熨平，你是上辈子做了多少好事才能娶到我呀’）”。没有这些时机的话，那就向他转述其他人对你们相处的正面评价，以强调你的付出。注意，状态要保持轻松开朗，比如“我妈总说我对你特别好，伺候前伺候后，说话也轻声细语的，特别尊重你，她跟我爸都吃醋了”。

扮演好你的伴侣角色，适当刷存在感，提醒对方注意到你的付出，就能够潜移默化地引导你的伴侣也认真扮演好他的角色。

感情Tips

暗示催婚

上述引导伴侣增加付出的思路，同样适用于女生“催婚”。很多女生都咨询过我催婚问题。她们普遍二十七八岁，跟男朋友恋爱一两年了，关系稳定，开始有年龄焦虑和生育焦虑，可她们的男朋友却始终不提结婚这件事。她们想主动，但又觉得作为女生得矜持点，所以很纠结。这种情况下，我往往会建议她们先觉察一下自己，当下她们是否尝试过扮演好妻子的角色，承担对应的责任。如果她们已经扮演好妻子的角色，往往不用她们主动，她们伴侣身边的其他人自然就会好奇地替她们开口。

反之，如果有结婚的想法，但自己连女朋友的角色都没有扮演好，而是在扮演“孩子”的角色，说“为什么我在家里不用做家务，跟他在一起就得做家务”，期望对方一直照顾自己、宠自己，那对方不想结婚也是正常的。

这个道理同样适用于其他角色的升级。比如，在公司里你期望晋升管理层，那你就得在完成个人KPI的情况下，尝试承担管理层的责任，让上级看到你有扮演“管理者”角色的能力。不能自己手头的工作都做得磕磕绊绊，却还想着升职。又比如，你希望伴侣同意生育计划，那你就需要尝试承担父母角色的责任，让伴侣看到，你在照顾好自己之外，还有余力照顾他和其他人。而不能自己跟孩子一样，连独立自理的能力都没有，却还想增加一个完全没有自理能力的家庭成员。

很多人生角色的获取和升级，都是我们事实上已经承担了一部分责任，关系的另一方才可能配合我们，赋予我们对应的角色。“行有不得者皆反求诸己，其身正而天下归之”。

规划共同未来

规划未来，是伴侣双方畅想共建爱巢的浪漫过程。但与此同时，这也是一个感情双方为了未来有足够多交集而各自牺牲部分原有人生的过程，是“杀死”部分原来的自己的过程。如果彼此的重要性还没达到值得自己牺牲的地步就规划共同未来，往往就会变成双方都只想保护自身利益，而争相“杀死”对方人生的零和博弈。

因此，不建议在感情基础不扎实的情况下规划具体的未来，比如居住城市、彩礼嫁妆、父母赡养问题等。至少需要恋爱半年以上，感情稳定且无大矛盾，双方足够了解彼此后再讨论这些现实问题，才不容易把感情规划没了。

与之相反，为了双方有共同未来，有些工作我们需要提前做，提前到还没确定恋爱关系之前，这项工作是：跟父母协商，确定择偶的基本条件。基本条件，是指可量化和可确定的条件，常见的有六项：籍贯要求（双方同市、同省还是同国即可）、年龄（可以相差多大）、身高（区间）、收入水平、工作类型、婚史。尽量跟父母针对上述六项条件达成一致意见（且要跟你实际条件匹配），而且要按父母可适当让步的程度将这些条件排先后顺序。父母有什么特殊要求具有一项否决权，比如不允许对方是外国人，或一项条件放宽权，如军人可以无籍贯要求等，也都提前谈好。以免造成你谈了很长时间的恋爱快要结婚时，父母却极力反对的麻烦局面。

自我照料

每个人在人生中都需要扮演很多角色，在众多角色中，有一个最特殊也最值得我们关注的角色，是“我”这个角色。扮演其他角色时，判断合格与否的依据，是我们是否符合关系中另一方的期望，而扮演“我”这个角色时，关系中没有另一个主体，判断合格与否的依据，是“我”的身体和感受是否舒服。

“我”这个角色是其他所有角色的基础，如果你天天不开心或身体不舒服，那无论你学了多少经营关系的技巧，你都用不出来。因为你本身是匮乏的，是需要别人来照料的。要想影响别人，就要有自我照料的意识，把自己照顾好了，才能照顾他人或照顾关系。越懂得爱自己的人，在感情中才越可能被爱。所以，你至少需要做到：

①身体不舒服的时候，放下工作和关系，让自己好好休息；

②找到至少两种不依赖他人的、可以让自己开心起来的方式；

③关系亲近的人让你不开心的时候，教会对方如何正确对待你。

避免角色刻板

很多来访者都会跟我抱怨，一旦涉及与工作相关的内容，她们的伴侣就跟变了个人一样，特别严肃、不近人情，很容易引发争吵。比如，有的女生工作上受挫了找伴侣倾诉，结果对方一连指出她的好几个工作错误，让她心情更差，导致双方大吵一架。比如，有的女生让伴侣教自己开车，结果对方一直严厉地批评、强调她的操作失误。开车没学会，两个人却停在路边吵了半小时。

这些女生都觉得自己很委屈，不理解伴侣为什么态度转变这么大。这背后其实就是双方对角色的期望差异问题。

平常小两口在一起时，女生偶尔扮演下需要被哄、被宠的“小女孩”的角色，可以调剂感情，满足自己被照顾的需求，也满足伴侣保护、照顾别人的需求，对感情没什么负面影响。但在面对工作问题、生活问题时，问题导向的男性往往会默认我们此时不应该继续扮演无忧无虑的“小女孩”角色，而应该扮演“职员”“司机”这些需要承担责任、解决问题的角色。此时他们表达爱的方式，就是提醒我们应该承担的责任，帮助我们扮演好角色。

“职员”的角色对应的是公司的期待，我们需要以KPI为导向承担工作责任。“司机”的角色对应的是公众的期待，我们需要承担遵守交通规则和行车安全的责任。如果在这些时候，我们依然刻板地扮演“小女孩”角色，就会导致双方对当下应该扮演的角色有差异而起冲突。时间久了，还会导致伴侣因为要承担的责任过重而考虑放弃关系。

最好的伴侣关系，是以“朋友—朋友”的角色搭配为主，辅以“恋人—恋人”的激情和亲密、“大人—孩子”的互相照顾、“合伙人—合伙人”的协作配合。不能自己刻板地只扮演“孩子”角色，却强迫对方一直扮演成熟、冷静、强大的“大人”角色。

当然，如果你并不是期望伴侣来帮你解决现实问题，只是因为工作导致心情不好，需要他倾听，或者是开车不熟练，只需要他在一旁壮胆，那你需要提前跟伴侣说清楚你的需求到底是什么，好让他知道怎样配合你。

第五章

让我们受困的不是现实本身，而是内在的认知方式

认知模式，指我们对事情的习惯性解读方式。把情绪价值比作一栋楼的话，认知模式就是楼房里的钢筋支架，是支撑整栋楼房框架的关键，却很少显露在外，为人所觉察。

自我中心：他都迁就我那么多回了，为什么这次不能继续迁就我呢？

小得的老公是身边朋友公认的模范老公，高知、高薪还有高情商，为人随和，不爱计较，特别包容小得。恋爱加结婚，两人在一起两年多了，最多就是拌拌嘴，几乎没红过脸。可这次，他们却有难以调和的矛盾，而且小得的老公一反常态地倔强，不肯退让。

矛盾的起因，是小得的父母希望他们以后每个周末都过去住两天，等到周一上班后再回两个人的小家。

小得对此是很赞成的，她觉得这样既能陪父母，两个人又能享受到父母的照顾，还不用自己做家务、做饭，是个双赢的方案。小得的老公却对此很不满。他解释说，买房时，他是想买在他和小得工作地点邻近的位置，但为了迁就小得想离父母近一点的想法，最后买在了小得父母所在的房价更高的区域，既增加了经济压力，又增加了通勤时间。

后来为了方便备孕，小得在老公的建议下换了份离家近、但收入少了三分之一的工作。于是小得下班回到家是下午6点，而小得老公回到家是晚上8点，小得下班后经常去父母家吃晚饭，有时还会在父母家住，这让她老公感觉两个人是异地恋。

如果现在周末也要去小得父母家住的话，两个人就几乎没有属于彼此的私密空间了，而且他也不太想跟岳父岳母经常打交道，比起过去被小得父母照顾，更愿意两个人周末躺在家里点外卖吃。

小得很不解，既然他愿意迁就买房位置，为什么就不能再多迁就一下呢？至于私密空间，在父母家住时，房门一关也很私密啊。自己父母是那么好相处的人，他为什么这么排斥呢？

小得愤愤地跟我说："他都迁就我那么多回了，为什么这次不能继续迁就我呢？还是说他之前的迁就都有目的，并不是真心对我好？"

自我中心是认知发展"缺课"

面对伴侣的迁就，有的人会感恩对方的付出、体谅对方的不易，并努力给予同等的付出作为回应。而有的人，会觉得这些迁就都是理所当然的，甚至变本加厉地要求对方付出更多，对方不愿迁就时质疑对方的真心，上例中的主人公小得就是这样。二者面对伴侣迁就的态度区别，根源就在于自我中心程度的差异。

自我中心，从认知心理学的角度来说，指一个人凡事都以自己的需要和利益为中心的思维方式，是认知发展处于前运算阶段（2~7岁）儿童的认知特征，表现为只能从单一角度而无法从他人的角度和观点看待事物，也无法通过思考过去和未来，从而用发展变化的眼光理解当下。

案例中，小得的老公从自己的角度阐述了周末不想去岳父岳母家的原因，主要包括以下三方面：

一、他在岳父岳母所在的地区买房，本身就已经为小得的亲情做出了牺牲；

二、工作日期间双方也很少见面，希望周末有更多只属于小两口的私密空间；

三、他并不想跟岳父岳母多打交道。

如果小得是个有足够换位思考能力的人，那她会思考，假如是自己为了对方离父母近一点的心愿而改变买房地点，导致贷款压力增大且通勤时间变长是什么感受，会思考下班回到家经常只有自己一个人是什么感受，会思考被迫跟不熟悉的长辈打交道是什么感受。最后综合上述诸多感受，她从而理解她老公为什么这么抵触周末去岳父岳母家。

可小得显然缺乏换位思考的能力。父母提议时，她首先考虑的是自己的需要和利益，自己期望被父母照顾，跟父母多聚聚能够让自己和父母开心，于是她便想周末回父母家住。这就是优先考虑自身利益的自我中心思维。

随后当她老公表达不满时，她关注不到对方在买房时已经为自己的亲情做出了牺牲，觉得他只要再多牺牲一点，就能够让自己和父母更满意了。这就是只看到了当下，而忽略过去和未来的自我中心思维。

没有站在老公的角度考虑对方想要的“私密空间”指什么，只按自己的理解，认为在父母家也能创造“私密空间”，期望老公按照她的定义改变想法；也没有考虑过对老公来说，自己父母并不是他很熟悉且亲近的人，她认定老公在自己父母面前的感受和自己在父母面前的感受是一样的，于是更无法理解老公为什么不愿跟父母多接触。这就是只能从自身角度看待事物的自我中心思维。

自我中心的人，会认为别人理所应当地要优先考虑自己的需要和利益，会投射性地认为别人对事物的好恶感受跟自己一致，还会认为自己对事物的看法是最高的唯一标准。

所以如果你有个自我中心的伴侣，你的感觉往往是“我的需求没有被考虑过”“我的付出没有被看到、没有被珍惜”“我的感受没有被理解”以及“我的想法没有被尊重”。久而久之，在这段关系中你会感受到过多的负面情绪，自然会觉得这段关系不值得自己继续付出，即使有再多的爱，也会被消磨殆尽。

补上“换位思考”的课

自我中心的人很难换位思考，往往会本能地用自己的想法和感受去填补自己对他人的认知漏洞。比如前例中小得没有思考过老公和自己父母待在一块儿是什么感受，直接就预设老公的感受和自己的感受是近似的，因此无法理解老公为什么不愿意跟自己父母多来往。

自我中心的人要想拥有换位思考的能力，需要补上“具体运算阶段”的换位思考的“课”。

具体思路，是将自己无法理解的他人行为进行角色替换和成本收益调整，鉴别出自己脑补的部分并剔除，并意识到先前忽略的信息，进而理解他人。以小得无法理解老公不愿周末到父母家这件事为例。

角色替换，需要画出事件相关的主要社会关系网络，然后把里面的角色进行同等替换（这个过程可以在大脑中通过想象进行，也可以画图辅助）。

①画出社会关系网络和人物

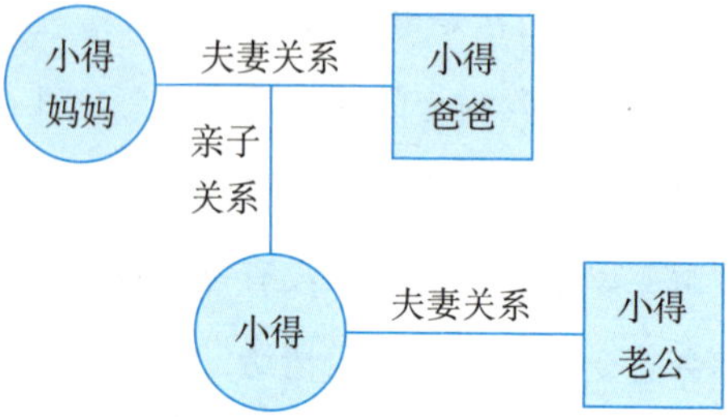

②删去人物，保留关系类型

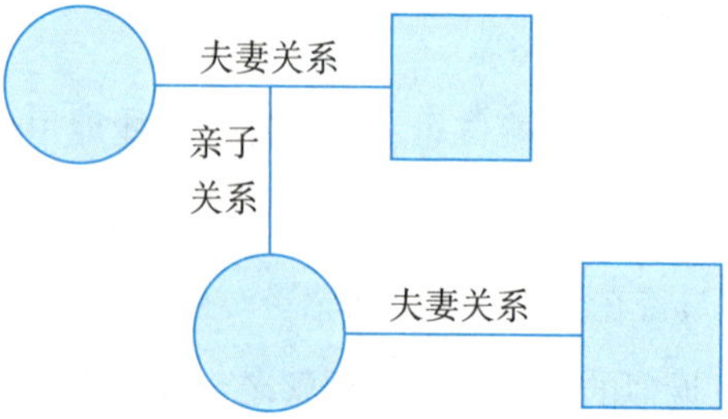

③把自己和老公进行角色同等替换

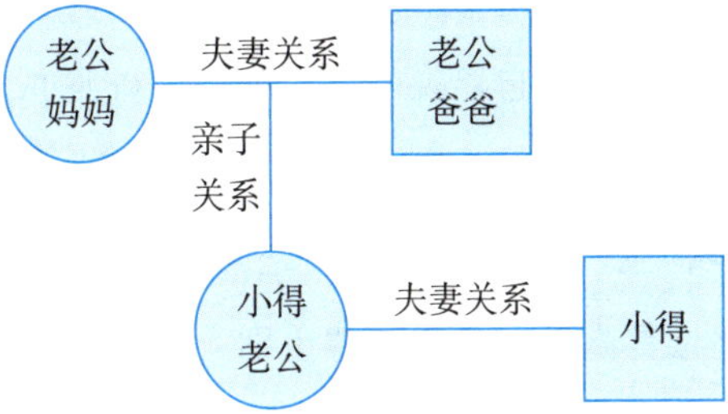

④成本和收益增减。同一件事，不同人做的成本和收益是不同的，根据对方的感受调整成本和收益，比如小得老公内向，不喜欢社交，所以跟小得父母待在一块儿的话，远比小得和老公的父母待在一块儿更难受。

⑤根据上述新信息尝试理解对方。

一、无法理解的对方行为	他周末不愿去我父母家住
二、角色替换	我周末不想去他父母家住
三、成本和收益增减	他是内向的人，不喜欢社交，社交成本比我高、收益比我低；他之前为了我们家人的感受更改了买房位置
四、尝试理解	周末去我父母家给他带来的心累程度比我去他父母家的心累程度更强；同时他之前已经做出了牺牲和让步，因此才不愿过去

当小得能够进行角色替换，体验到些许她老公的感受，而且能够站在她老公的角度衡量一个行为的成本和收益，她才能从感受和认知上理解老公，不再苛求对方按照她的期望行事。

承担改变现状的责任

自我中心的人有种超乎常人的资格感，他们会坚定地认为自己想的一定是正确的，自己说的别人就一定得照办。别人稍有忤逆，他们便会怒不可遏。

但问题是，生气对于改变现状毫无帮助。大家都是平等的人，没有谁比谁更高贵，你必须尊重别人有自己的想法，尊重别人有按照自己的想法行事的自由。如果你期望干涉别人的自由，那发脾气是没用的。你需要承担起改变现状的责任，通过改变自己，从而改变对方。

要锻炼承担责任、处理事情的能力，需牢记两个关键词：期望+能做点什么。

比如，期望伴侣周末陪自己去父母家，但越逼他，他越是不去，那就得考虑是不是服个软，从对方的需求出发，换个方式找到折中方案；跟伴侣吵架后，期望与对方和好，可以给他煮碗面，通过这种提供价值的方式，让他重新重视你；伴侣说你自私，你想改变他的看法，那就凡事多问对方的感受，遇事两人一起协商。

发生了什么事	我期望这件事如何改变	我能做点什么事情让现实更符合我的期望
伴侣周末不愿陪我去父母家	伴侣周末偶尔陪我去父母家	跟伴侣服软，看有没有折中方案
吵架后伴侣不理我	伴侣主动来理我	给他煮碗面，通过对他好让他重视我

续表

发生了什么事	我期望这件事如何改变	我能做点什么事情让现实更符合我的期望
伴侣说我自私，不考虑他的感受	我能多考虑他的感受	凡事多考虑伴侣的感受，有事一起协商

重复同样的行为，大概率只能得到同样的结果。尝试新的行为，不一定会有期望的结果，但最起码比原地踏步更有希望。这样的改变起初可能会让你不适应，觉得自己不像之前那样被爱着，但这才是经营长久关系的正确方式。

非黑即白：你这样做就是不爱我！

小反最近觉得男朋友越来越不爱自己了。

确定关系前，男朋友可是随叫随到。可现在，男朋友忙工作，忙健身，甚至忙着睡觉，就是没时间陪小反。

确定关系前，小反说的话就是圣旨，就是真理。可现在，男朋友天天跟小反讲道理。

一开始，小反觉得男朋友没之前那么在乎自己时，只要眼眶红红地说一句："你这样做就是不爱我……"男朋友就会立马道歉，并恢复恋爱前的积极态度。可现在，小反的这句话不管用了，男朋友听到后只会不耐烦地说："不爱就不爱吧，爱咋咋地！"男朋友的态度让小反心寒，她在犹豫要不要分手。

原始的非黑即白思维

“怎么做才算爱一个人”是个没有标准答案的问题，因为“爱”并没有一个公认的定义。

大部分男生追求女生时，都会把女生的感受放在首位，对女生百依百顺，结果导致很多女生在恋爱中会以自己的感受作为判断伴侣是否爱自己的依据，认为自己感受舒服就说明对方爱自己，而自己感受不舒服就说明对方不够爱自己。

从个体经验的角度来说，这是合乎逻辑的，毕竟你之所以选择跟一个人在一起，必定是因为他能够考虑你的感受，满足你的需求，而不可能是因为你跟他接触的过程中特别难受，所以你的恋爱感受好坏确实跟对方爱你与否有关。但是，如果因此就把“感受不舒服”等同于“他不够爱我”，这种非黑即白的思维也是错误的。

非黑即白思维，指只用两种截然相反的评价去评判一个事物，如“好或坏”“对或错”“爱或不爱”。如上例中，小反评判男朋友对待自己的方式，只有两个相反的评价，要么就是“你爱我”，要么就是“你不爱我”，这就是典型的非黑即白思维。

非黑即白思维是一种近乎本能的原始思维方式，这种思维方式的优点是快速，缺点是无法应对复杂情况。部落时代用非黑即白的思维可以活得很好，会伤害自己的（坏的）就远离或反抗，会让自己舒服的（好的）就占有，几乎没有太多复杂的问题。可到了现代社会，问题就复杂多了，比如上例中小反犹豫的难题“这种情况下到底要不要分手”，每个人的答案可能都不相同，或者后退一步回答小反的前一个困惑“他这样算不算爱我”，相信答案也是见仁见智。

现代社会由于文明发达，有太多抽象的概念，以至于非黑即白的思维几乎无法用来解决当下的问题，反而可能因此扭曲自己的认知。

非黑即白，让你对这个世界产生误解

首先，非黑即白思维的最大问题，是很容易因客观世界不如愿而产生负面情绪。

这个世界就客观情况而言，纯粹的“白”和“黑”都只是很小的一部分，大部分是介于二者之间的“灰”。

恋人或夫妻间，爱得愿意为对方牺牲生命的是很小的“白”的那一小部分，不爱到为了一点钱就把伴侣抛弃的只是很小的“黑”的一部分。大部分人对伴侣的正常态度是没有一定之规的“灰”的：在自己不太难受的情况下，尽量让对方开心；失去对方不至于寻死觅活，但也不会太好受。

如果你是一个有非黑即白思维的人，那为了追求难以实现的那点“白”，你会极度排斥现实中大片存在的“灰”和可能存在的“黑”。

放到感情里，就是你会期望伴侣一直给你带来积极的体验（白），这才算是“爱”。但凡你觉得感情平淡无味了（灰），或者对方让你觉得不开心了（灰），或者对方产生分手念头了（黑），你都会觉得对方不爱你了，进而产生负面情绪，然后去质问对方“你是不是不爱我了”。

事实上，就算是你最爱吃的东西，天天吃也会觉得平淡，甚至偶尔还会觉得有点难吃。感情也是一样的，时间久了变平淡很正常。有时开心、有时不开心也很正常。期望一段感情自始至终给自己带来积极体验，结果就只能是自己长期处于失望、焦虑、愤懑等负面情绪中，人见人怕。

其次，非黑即白的思维简化了这个世界，导致用此思维思考的人无法理解这个世界的规律，进而导致行为与目标不相符，甚至相反。

我们对客观规律的学习过程大致是这样的：观察现象—提出问题—提出假设—实验研究/理论学习—验证/推翻假设—得出结论（进而指导实践并加深认识）。

比如你观察到一个现象：夫妻吵架后，有的人很快会消气，而有的人需要很长时间才会消气。于是你产生了疑惑：是先消气的一方更可能结束关系，还是后消气的一方更可能结束关系呢？

你提出了一个假设：后消气的人长年累月憋着一肚子火，应该更可能结束关系。

接着你做研究，去调查提离婚的一方在婚姻中吵完架是早消气的一方还是晚消气的一方。然后你发现提离婚的大都是早消气的，于是推翻假设，得出结论：“早消气”和“想结束关系”有很强的相关性，但无法进一步确定是由于早就想结束关系于是消气快，还是由于消气快才更想结束关系。

这对实践的指导作用就是，以后吵架时，就算自己再生气，也尽量减少生闷气的时间，以免伴侣是想放弃关系的那一方，同时也警惕自己内心想结束关系的冲动。

实践一段时间后，你询问伴侣最近吵架后有没有发现自己的表现有何不同，并了解一下，只从这段时间吵架后的感受而言，对方是更希望这段感情维持下去，还是更不希望维持下去。进一步检验前面的结论，加深对“吵架后消气快慢对关系的影响”这件事的认识。

尽管我们大部分人生活中不会搞得这么严谨，可能提出疑问后上网找找答案就照着做了，但大方向上还是遵循这个逻辑了解客观规律，并会利用规律达成自己的目标。

可有非黑即白思维的人看到上面这些烦琐的内容，可能只有一句话：哪有那么复杂，离婚还不就是因为不爱了。而且他们还能逻辑自洽：爱的话怎么会提离婚呢？不爱的话，对方提离婚你做什么都没用。

那些感情维护知识、婚姻维护理论，在有非黑即白思维的人看来，全是废话。他们坚信的客观规律是：爱就是爱，不爱了就是不爱了。如果他爱你，不管你怎么“作”、怎么闹，哪怕跟他家里人全部结仇，他都会继续爱你；不爱了的话，你就是国色天香、智慧过人、任劳任怨，他也是不爱了。

所以有非黑即白思维的人如果确认伴侣爱自己，就会放飞自我而不顾及伴侣的感受，结果导致伴侣受不了想要远离。不确定伴侣是否爱自己，有非黑即白思维的人就会判定伴侣“不爱”自己，接着要求伴侣改正“不爱”的错误，让他立马“爱起来”。

这种无视对方感受的强硬命令，只会导致原先就有点倦怠的伴侣对感情更加消极。

如果伴侣提出分手或有分手的念头，有非黑即白思维的人会立马陷入绝望状态，“一哭二闹三上吊”，吓得伴侣不敢再出现在Ta面前。

对这个世界的客观规律有误解，就会导致行为和目标总是相反，自己整天给自己帮倒忙，最后会经常体验到感情的失控，从而变得不敢相信爱情。

再次，非黑即白的思维会导致解决问题的思路过于简单。

比如上例中，小反对男朋友“不够爱我”的状态不满，她对此的解决方案只有两个：要么分手，要么不分。然后她便在这两个选项中犹豫，思考到底是分手还是不分手。

事实上，这件事的解决方案并非只有这两个。她可以尝试适应男朋友对自己没之前上心的这种恋爱状态，还可以学习沟通的技巧，尝试让男朋友把注意力转移回来。她只需选择其中一个方向实践一段时间，“分手还是不分手”这个难题自然会有答案。反之，一上来就考虑分不分手，那就会一直处于分了怕孤独、不分怕痛苦的矛盾状态中。

类似的非黑即白的疑惑还有：

“男朋友留着前任的联系方式，应不应该分手？”

“男朋友跟女生聊天，该不该分手？”

“维护感情的一方应该是男生还是女生？”

“是‘作’更容易被爱，还是讨好更容易被爱？”

这种一上来就犹豫该不该分手或经常陷入两难困惑的，大都是非黑即白思维导致的对现实情况的理解过于简单，这种认知模式是无法真正解决问题的。

习惯驱动非黑即白思维的人，更容易产生负面情绪，行为和目标经常背道而驰，对现实问题的理解过于简单，以至于他们很难通过沟通和他人达成共识。所以这类人的伴侣往往被影响得越来越不愿付出，也不愿沟通，最终导致双方分手。

削弱非黑即白思维，才能看到真实世界

这里提供三个削弱非黑即白思维的工具，分别可以用在面对两难问题时、争是非对错时和有无法面对的事实时。

1.犹豫于两难问题的时候，后退一步重新定义问题

有非黑即白思维的人很擅长给自己制造两难问题，比如案例中小反的“分手还是不分手”，以及生活中常见的“选爱情还是事业”“应该委屈自己还是坚持自我”等。这类两难问题，可能连哲学家都很难给出一个圆满的解释，所以应对思路不是去求解，而是跳出自己画地为牢的两难境地，把两难问题本身作为待解决的问题去求解。

把“分手还是不分手”转化成“我要如何处理我近期的分手冲动”。把判断题改成选择题，可以尝试选择转移注意力到爱好上、跟伴侣讨论如何处理、找咨询师探讨感受、顺着感受暂时疏远关系等解决方案。

把“选爱情还是事业”转化成“我要如何处理感情对我工作的负面影响”。随后你会发现，可以选择减少投入到感情上的精力、具体化造成负面影响的过程再进行调整、学习感情维护技巧让负面影响转为积极影响等解决方案。

把“应该委屈自己还是坚持自我”转化成“我要如何处理在感情中的委屈情绪”，随后你也会发现，可以选择向伴侣发泄或表达出来、学习ABC理论（参见第78页的ABC理论）调整自己的看法、通过放松训练增强对委屈情绪的承受力等解决方案。

所有的两难问题，背后其实都是一个有无穷解法的现实问题，把“我应该选择a还是b”转变成“我要如何处理突然出现在我人生中的xx挑战”，才算找到了真正的问题，也就不会再陷入无解的两难境地。

2.争是非对错的时候，定义概念

有非黑即白思维的人会很执拗地认定自己做出的判断是正确的，并因此要求身边的人遵从自己的判断，可伴侣往往不认可其判断。这其实是因为有非黑即白思维的人容易定义不清或定义错误，导致他们很多时候无法和伴侣达成共识。

比如案例中小反的“你这样（没有之前热情）就是不够爱我”，这里面“爱”就是个定义不清的概念。由于厘清一个概念需要用到具体化、澄清等咨询技巧，这里我不过多阐述，只模拟一下我跟小反这类人的沟通方式，让你理解应该如何澄清一个概念。有这方面需要而自己又无法明确定义的话，建议寻求咨询师的帮助。

——什么是爱？

——爱就是让我开心。

——那你现在跟他发脾气会让他开心吗？

——不会。

——所以你现在并不爱他。

——是吧，但这是他的错。

——他没有爱你，你就不爱他。那你不爱他，他也可以不爱你。按照这个定义的话，你们的感情里只要有一方觉得对方让自己不开心了，就会陷入这种互相指责对方不爱自己的僵持状态，你看到过两个人永远都开开心心的感情吗？

——没看过，但错在他那边，是他先让我不开心的，他改了就行。

——这种自己不开心就让对方也不开心的模式在现实的长期关系中是不可能存在的。从你的角度看，是他先让你不开心。可从他的角度看，他好好地过着日子，你突然说他不够爱你，然后就发脾气了，那是你先让他不开心的。所以你认为他先错他得改，他却认为你先错你得改，这个问题就无解了。

——那我就换人，我不跟他谈了。

——可以换人，但换的这个人也让你不开心的话，你们还是会陷入这种无解的矛盾中。

——那这个矛盾怎么解决呢？

——他让你不开心和你让他不开心，这两个行为最大的区别是什么呢？

——不知道。

——好吧，他让你不开心是无意的，而你让他不开心是故意的。他对你不上心可能是故意去玩游戏，但他玩游戏的目的，绝对不是为了气你，而是为了他自己开心点而已。而你找他吵闹，目的就是为了给他找不痛快，为了气他，这就是最大的区别。一个是故意让对方不开心，一个是不小心让对方不开心，你觉得哪个人更有资格说自己爱对方呢？

——那应该是不小心的那一个。

——所以，对爱的定义应该这样修改，爱就是让你开心以及有时不小心让你不开心。因此他对你的热情淡了，让你不开心了，并不说明他不爱你了。

——但是我不开心怎么办？

——参照上一个小点的内容，“如何处理感情里的负面情绪”。

3.面对无法接受的事实，学会转换立场

有非黑即白思维的人往往有一个很大的特点——疾恶如仇。他们往往不接地气，不遵从客观规律，期望通过振臂一呼、发表振聋发聩的言论便改变现实，结果自然是因现实不如己愿而越发不满、愤世嫉俗。所以，面对无法接受的事实时，要学会转换立场，从黑中找白、白中找黑。

比如小反无法接受“恋爱常态就是对方的态度不会如追求自

己时那么积极”的事实，转换角度看一下，就是小反有时间忙自己的工作、学习、社交和爱好，正好可以学习沟通和关系维护的技巧。

比如非常介意“男朋友有过前任”，换个角度看就是，最起码男朋友对恋爱的期望会现实点，也更懂得如何跟女朋友沟通相处。

比如“男朋友不愿给承诺”这类无法接受的事实，好的一面就是最起码说明他重视承诺，是个有责任心的人，而且不愿欺骗你，是个诚实的人。

凡事都辩证地看，就不会那么有戾气，也更能理解这个世界，理解他人。辩证思维不是“鸡汤”，不是“阿Q精神”，而是所有的事确实都可以从两个对立的立场去评判，与其死死抱着自己的立场，并要求别人也按自己的立场去看待事物，不如尝试转变立场，增加一个别人甚至反对者的角度，了解更多信息，我们的认知才更贴近真实，人生和感情才会更可控。

感情Tips

关于爱的理解

我想谈谈我对爱的理解：爱是一种以对方的感受为最高评价标准的付出。

关键词有两个，一是付出，二是对方的感受。

爱是付出，把东西给对方说明爱对方，向对方索取过多，也许是你喜欢利用对方。

爱需要考虑对方的感受，单方面的付出只是在自我感动，付出对方需要的东西，让对方感受到更加快乐才是爱。

采取这样的爱的理解，能够确保你的注意力更多放在“对方的感受”这一决定感情亲密度的要素上，同时不以“对方是否愿意被你索取”作为判断爱意强弱的依据，代之以自己的付出，把爱的权利握在自己手中，而不是受制于人做个“感情乞丐”，才能在感情中获得最大的自由。

如果你不同意我的观点，你也可以有自己对爱的理解，但为了你的感情能少点矛盾，你对爱的理解至少需要遵从以下三项：

暂时不想跟你沟通≠不爱你

暂时想自己一个人待着≠不爱你

不愿满足你的需求≠不爱你

恋爱前后期望差异

男性在追求女性的时候，往往会把工作、家人、学习暂时放一边，投入几乎100%的精力和时间在女性身上。而女性从一开始投入较少的精力和时间到男性身上，接着由于男性追求的攻势而一点一点增加投入的时间、精力。

因此，女性对于男性恋爱投入的期望往往是，男性投入的时间和精力会越来越多，或至少保持在追求阶段的水平。而男性对于自己恋爱的期望投入则往往是，追到手了就把很多精力收回，重新放到新的目标上，比如赚更多钱、学习更多的技能之类。

结果就是，女性在恋爱初期就会觉得，男性没有原先追求自己时那么爱自己了。而男性在恋爱初期则往往觉得，恋爱渐渐成了沉重的负担，产生了退却之心。巨大的期望差异导致男女双方都有很强的分手冲动，所以要想平稳地度过恋爱初期，双方都需要调整各自的预期，女性要意识到男性的付出在确定关系前可能就已经是高峰了，而男性要意识到确定关系后需要留出一段时间让女生适应这种落差感。

负面诠释：他一定是故意对我冷暴力的！

小求的男朋友被猎头挖去另一家公司后，因为忙着适应新工作，每天很少主动发信息给小求，下了班经常跟新同事去吃饭或参加客户的饭局，给小求打电话的次数也明显少了。在猎头联系小求男朋友时，小求是很支持男朋友跳槽的，她觉得以后男朋友会有更大的晋升空间。但跳槽后，相比之前同公司时两人一起吃饭、一起上下班的生活，小求觉得落差很大。她慢慢开始怀疑男朋友在新公司认识了别的女生，认为他的冷淡是故意在对自己冷暴力，是在等自己提分手。因此小求生气了，经常不回复男朋友的信息。

男朋友一开始还不明就里，等知道她的想法后，就觉得她太幼稚、太不懂事了。小求不但不理解他要融入一个新团队和处理新工作有多累，还一个劲儿地把他往坏了想，结果两个人大吵了一架，冷战了很长时间。

负面诠释，让你的主观世界充满黑暗

很多女生都跟小求有类似的思维习惯，由于担心自己受伤害，所以感情有矛盾时，就会把伴侣往坏了想，认为对方故意让自己难受。只有伴侣耐心解释、安抚她们，她们的情绪才会得到缓解。

现实却是，伴侣往往不怎么解释，甚至会特别愤怒。这些女生觉得不解，认为如果是自己误会了对方，那对方解释清楚就行了，对方越是生气和不解释，就越说明他心虚。所以这些女生会不依不饶，双方很容易陷入冷战。

对待这类女生的困惑，我往往会举这样一个例子帮助她们理解伴侣的感受。

假如现在你来面试，我是HR，你自我介绍说你是北京大学国际关系学院外交学专业的。

我：“北京大学有国际关系学院吗？”

你：“有，北京大学东门进门右手边第一栋就是。”

我：“你说你原先的工资是两万元？”

你：“是的，每个月上下波动，但平均是有两万元的。”

我：“但是你原公司的岗位KPI是按季度进行考核的，工资又怎么会每个月上下波动呢？”

你：“每个月工资构成是底薪加季度绩效加项目奖金加每月评级奖金，所以会上下波动。”

我：“是到手还是税前？”

你：“是到手的。”

现在，你觉察一下自己的感受，你是希望跟我这个HR多聊一些，还是希望尽快远离我呢？

这个对话只从内容上说，是HR在了解求职者的原工作信息，我这个HR确实是有理由问这些的，但这些提问让人难受的地方在于，每个问题都透露着对你所说的话的不信任，也就是我预设你在骗我。所以正常情况下，现在你的情绪很复杂，既有愤怒，又有委屈，还有烦躁。而这些被冤枉的愤怒、不被理解的委屈和反复解释的烦躁，恰恰就是你的伴侣在被你进行负面诠释时的感受。

负面诠释，是对对方外部行为的动机进行负面消极的揣测，是不负责任地置对方于不道德的境地后，要求对方自证其道德性。这个过程本身就是一种伤害甚至是人格侮辱。

负面诠释对感情的破坏还不止如此。我们对他人的评价，往往会暴露出我们的真实自我，所以负面诠释会让你的伴侣越来越了解你的阴暗面，这是认知层面上的投射原理。如小求认为男朋友跟自己联系少了是在冷暴力自己。男朋友这么做的真实动机我们尚不清楚，但可以确定的是，小求自己才是不开心时就会用冷暴力去逼伴侣就范的人，所以她才会从这个角度去揣测自己的男朋友。因此，感情里的负面诠释越多，说明你自身的阴暗面越多，你在伴侣心中的形象分就越低，伴侣对你的反感也会与日俱增。

决定有什么情绪的不是事实本身，而是对事实的看法

对伴侣的负面诠释导致的负面情绪，是无法通过伴侣的自证清白来缓解的，因为问题不是出在伴侣做或不做什么事情上，而是出在你对伴侣行为的负面解读上。美国心理学家埃利斯创建的经典ABC理论，阐述的就是这样一个原理：决定你有什么情绪的不是事实本身，而是你对事实的看法。

举个例子，假如你男朋友每天接送你上下班，身边的同事经常表示羡慕，还有单身女性向你请教挑选对象的方法和关系维护的技巧，此时的你应该很开心。

但是，有次你无聊时去翻看男朋友和他前任的微博，发现他之前也是这样接送前任上下班的，而且他当时接前任下班时还会带上一杯她喜欢的奶茶，有时还会有小蛋糕或零食。而你，则什么都没有。此时，你应该会很不开心，而且在此之后，每次男朋友接你上下班，你都会郁郁寡欢。

客观上说，男朋友的行为自始至终都没有变化，一直接送你上下班，也就是事实没有任何改变，但你的心情却从一开始的开心，变为后来的不开心。其中起作用的，就是你对这个事实的看法、评价，这就是ABC理论的原理。

一开始接触ABC理论的人，可能都会有种感觉，就是“这是自欺欺人”。如上例中，事实上男朋友确实对前任比对自己更好，那自己生气就是理所当然的。如果你也这样想的话，那你要切记，过去的事实，是历史。

当下就是你的男朋友每天接送你上下班，而你却对他不满。

我们无法改变历史，甚至连历史是否发生过都很难确定，就算确定，我们也无法确定前因后果，说不定就是由于男朋友的前任对他有那么高的要求，才导致他们分手，所以纠结这些历史是没有意义的。

你唯一要思考的就是当下，现在男朋友接送我上下班我是否满意？不满意的话我还希望他多做点什么？他不愿做的话我是否有放弃关系的决心？

明确自己当下的需求、敢作敢当的女生，比起没有明确诉求，也没考虑如何收场就跑去找男朋友吵闹的女生，更能得到男生的尊重和重视。

我们再以小求跟男朋友的矛盾为例，运用ABC理论来拆解一下。

ABC理论把情绪拆解成三部分：事实、看法、情绪。

事实，指谁、在什么地方、什么时候做了或没做什么事情。

看法，指自己当下对前述事实的评价。

情绪，指当下自己体验到的情绪。

从小求的角度来看，事实是“男朋友（谁）去新公司后（什么时候）没有像之前那样频繁地联系小求了（没做什么事情）”。

小求对此的看法是“他可能认识新的女生了，在冷暴力逼我分手”。

情绪是“生气、伤心”。

如果小求把自己的负面诠释误认为是事实，那男朋友冷暴力自己、逼自己主动提分手，确实是一件让人感到生气和伤心的事情。但问题在于，事实仅仅是男朋友没像之前那样频繁地联系自己。

对这个事实的解读，固然可以解读为负面的“他认识了别的女生，所以在冷暴力逼我分手”，但也可以解读为中性的“他工作太忙顾不上我”或“热恋期过了，所以他把精力重新放到工作上了”，还可以解读为正面的“他在努力赚钱为我们这段感情打婚姻基础”。

认为他是在实施冷暴力就会生气，认为他只是忙工作或热恋期过了就只会有小失落，认为他是在为了以后能结婚而努力赚钱，那就会有满满的幸福感。

我们的想法对自身情绪的影响非常大。同一个事实，通过不同的角度去解读，甚至能产生截然相反的情绪。因此，我们对自己的想法要持一种谨慎审视的态度，不能误以为自己的想法就是不容动摇的事实。

纠正负面诠释的思维训练

这里提供一个纠正负面诠释思维的训练方法，具体如下。

当你有情绪的时候，先问自己：“我是不是认为他可能是个坏人？”如果是的话，就运用如下表格纠正自己的思维：先记录自己感受到的情绪，接着回忆引起这种情绪的事实（事实核心是“谁做了/没做什么”），再思考自己是怎么看待这个事实的，最后尽量想出更多不同角度的看法，甚至是跟原来完全相反的看法，把一开始负面诠释的“他就是故意这样坏”的看法，转变成带有善意的看法。

情绪	事实	看法	不同看法or相反看法
生气	男朋友不像之前那样频繁地联系我	他在冷暴力我	①他工作太忙 ②热恋期过了 ③他为了结婚在努力赚钱
生气	暧昧阶段他还在接触另外两个女生	我只是个“备胎”，他是花心的人	①在一起后他没主动找别的女生 ②他现在对我挺好的
生气	结婚纪念日他没有任何表示	他不够重视我	①他最近忙 ②他本来就是个粗线条的人 ③他在日常生活中很重视我

当然，这个训练不是想让你自欺欺人，做个没有负面想法、只有正面想法的“傻白甜”。就像案例中小求的猜测也有可能是对的，她男朋友确实有可能是因为有了新欢，所以冷暴力她。我并不否定消极可能性的存在。我强调的是，在没有足够证据之前，先尽量带着善意去解读事物，往积极方面想。

我们拿小求的案例来做个假设，假如她男朋友跳槽后在新公司确实认识了一个挺聊得来的女生，但他没有太多想法，只是工作有交集时会闲聊两句，主要精力还是放在工作上。

现在如果小求对男朋友的疏远进行负面诠释，认为他是在冷暴力自己，那小求就会跟男朋友发脾气、冷战。男朋友忙完工作的闲暇，想到冷漠、充满敌意的小求，再看到眼前刚认识的这个工作认真、聊天带笑的女生，这种对比带来的落差感，就是他和那个女生关系的“加温器”。要是女生再来上一句“你工作这么忙，女朋友还冲你发脾气，真是太辛苦、太难了！要是我有这么上进的男朋友，我一定天天把他捧在手心里”，那小求的男朋友自然会越来越想靠近这个女生。

再换一个假设，如果小求对男朋友的疏远进行积极诠释，认为他是在为两个人的未来而努力赚钱，那小求就会心疼男朋友，会在两个人有空聊天和见面时尽可能地照顾他的感受，叮嘱他多放松休息。那小求就相当于男朋友的“泄压阀”和动力来源，男朋友在工作时会更有干劲，工作之余也会由于小求的懂事体贴而更多地关注她、考虑她的感受，也就不会有多余心思放到新认识的女生身上了。就算一开始男朋友确实对女同事动过歪心思，那小求的信任和体贴，也会让他由于愧疚而主动约束自己。

习惯负面诠释的人，由于太担心有糟糕的事情发生，所以事事都把最坏后果想在前头。结果往往是负面想象导致自己变得紧张且充满负能量，并用这种糟糕状态，诱使身边的人制造出更多糟糕的事情，这就叫自证预言。

自证预言，又称“自我应验预言”或“自我实现预言”，指人会不自觉地按照自己认定的预言来行事，最终令预言发生。认定伴侣可能会出轨，便会受证实偏见的影响而更关注支持这个判断的捕风捉影的证据，进而频繁体验到被出轨的愤怒和悲伤。于是跟伴侣相处时，就会变得烦躁并带着敌意，最终导致两人之间生出嫌隙，自然就会有其他人来填补，也就出现了第三者。

而与自证预言相反的，便是期望效应，指人的情感和观念，会受到他人期望的影响。比如，小求的男朋友可能只是事业心强，于是一心工作，忽略了小求，但小求带着善意，坚定地认为男朋友是由于爱自己，想跟自己结婚并安定下来才拼命工作，于是无怨无悔地对男朋友好，男朋友便会被她的付出和善意投射所影响，而产生自己确实想跟她结婚并安定下来的想法。

感情Tips

伴侣的前任

很多女生由于占有欲、嫉妒、不自信等，会对伴侣的前任过度关注，而且越是关注越会有无解的疑惑，如“他对我是不是没有比对前任好？”“他没把前任的联系方式删掉，是不是心里还记着前任？”“我长得有点像他前任，自己会不会只是一个替代品？”等等。

这些问题的答案可能连伴侣自己都不清楚，所以思考这些问题，除了把已经成为历史的前任拉到你们当下的关系中、影响你们的感情外，没有任何帮助。所以我往往会建议这类女生，在看到明显的证据证明“他们才是真爱”之前，可以适当自信点儿，从积极的方面去解释上述疑惑，就算事实跟自己的解释还有差距，那也可以通过期望效应去影响对方，而不能让消极的自证预言发挥影响力。

“他对我是不是没有比对前任好？”

答案一：不是。他现在改变原有人生规划，要跟我一辈子走下去，这才是真正的对我好。

答案二：是。但那是因为当时他还年轻，时间充沛，精力旺盛，而现在他需要担负更多社会责任，所以没办法像当时那样付出时间和精力。

答案三：是。但我们现在的感情还没有他们当时那么深，所以正常。

答案四：是。但以他那种爱一个人的方式应该爱不过三个月，我更希望他像现在对我这样细水长流。

“他没把联系方式删掉，是不是心里还记着前任？”

答案一：不是。就算分手了也可以做朋友或客户，毕竟彼此信任度高。

答案二：不是。不删除也能理解为他不在意、不在乎。

受害者思维：要不是因为你，我哪会是现在这样！

谈恋爱后，小诸事无巨细都喜欢问男朋友的意见，大到该离职还是继续工作，小到中午点哪家外卖、买哪件衣服等。小诸很享受这种有人帮自己做决定的感觉，有一种找到了人生依靠、被照顾、被指引的踏实感，而且男朋友的决定也确实总是比自己的决定更明智，男朋友也很享受这种被依赖、被信任的感觉。但偶尔他们也会因此发生矛盾。

前段时间，小诸发现自己掉头发有点严重。因为近期的工作调动，她接手了很多同事的“烂摊子”，她觉得自己应该是工作压力太大导致的脱发。她絮絮叨叨地跟男朋友倾诉自己最近的工作压力，吐槽那些难搞的客户，埋怨同事和领导。男朋友听完后表示，工作是手段，生活才是目的，不能因为工作熬坏身体，于是建议她去跟主管沟通，调整工作量。

小诸听到男朋友的建议后，顿时就无名火起，觉得他完全不关心自己有多累，只想尽快结束聊天。男朋友见气氛不对，赶忙安抚她的情绪，好一会儿后才问她对工作的想法。小诸说自己太累了，不知道该怎么办。男朋友就小心翼翼地建议，让她辞职在家休息一段时间。这次小诸倒没有生气，过了几天她就交了辞职信，随后在家歇了两个星期，等精神状态好点了才开始投简历。但这时小诸才发现，市场行情不好又加上刚好秋招，同岗位的薪资比原先少了整整一半。她投了一星期的简历都没有找到合适的岗位，一个半月后不得不选择了一家待遇、福利、前景都远不如原公司的小公司。

有一天，她刷朋友圈，看到了原公司团建的照片，他们坐游轮去国外旅游了半个月。她找前同事打探收入，得知公司效益好，每位员工多发了一千五百元奖金。对比之下，小诸就觉得特别郁闷、烦躁，一连好几天都开心不起来。男朋友见她闷闷不乐，就安慰她说现在的工作最起码清闲，她一时气上心头：“清闲有什么用！拿这点工资，交完房租、车贷就没了！当初要不是你劝我离职，我熬过那段时间，现在就在游轮上度假了！要不是因为你，我哪会是现在这样！”说完小诸就委屈地哭了，男朋友顿时也大为恼火，有好事就没自己功劳，有坏事就得自己来“背锅”。

推卸责任的受害者思维

有这么一类人，他们遇到不顺心的事情时，喜欢找身边的人抱怨、诉苦，一遍又一遍地跟别人诉说自己有多可怜、多委屈、多凄惨，身边的人在刚认识他们的时候，往往会因此格外同情他们。

可一旦身边的人出谋划策教他们如何摆脱现状，他们又会像受了天大的委屈般变得愤怒，痛斥这个好心帮忙的人不够理解自己有多惨，是站着说话不腰疼，等等。随后换另一个诉苦对象，继续从头开始。直到身边的人都不愿再搭理Ta了，Ta就自怨自艾地表示，这个世界上的人都太过冷漠，独独苦了Ta这么一个善良又单纯的人。

这类人从来不想靠自己改变现状。无论现状有多糟糕，他们只希望身边的人能基于同情自己而替自己改变现状。这些人擅长渲染悲哀情绪，上演苦情戏码，是典型的具有受害者思维的人。

有受害者思维的人陷入糟糕境况时，不会通过行动来抗争或改变现状，只会缩在角落里自怨自艾，感叹自己的可怜可悲。他们会想：我明明没有错，却被如此对待，我真是太可怜了；我明明没有错，他却来伤害我，他真是太坏了。

如果伴侣能够注意到“受害者”们的自怜状态，关心并替他们解决问题，他们便会将伴侣奉为“救世主”，并越来越依赖对方，把越来越多的责任推卸到对方身上。

如果伴侣注意到了“受害者”们的自怜，并给他们提供建议，他们则会把这种建议体验为“Ta说我有责任，Ta不理解我有多难”而变得烦躁、愤怒。如案例中，小诸跟男朋友倾诉自己近期的压力和焦虑时，其实不是为了寻求建议和指导，仅仅是为了让男朋友理解自己有多可怜、多委屈。所以当男朋友把注意力放在解决问题上时，她就会由于男朋友对她的感受兴趣不大而生气。

如果伴侣注意不到“受害者”们的自怜，那他们就会由于被伴侣忽视而更加自怜，“Ta居然没有注意到我的可怜”。随后，便陷入无穷无尽的自怜情绪中，感受到莫大的伤害。

有一个有受害者思维的伴侣是一件很折磨人的事情，当你做了Ta认为不恰当的事情，“受害者”就伤心了，Ta不会跟你据理力争或强调自己的感受，而是会悲哀地认为是自己遇人不淑，接着脑子里就开始放映苦情戏，一幕幕全是过往你忽略Ta感受的画面。负面情绪容易发酵到无法处理的地步。

当“受害者”遇到糟糕的事情时，他们不会研究怎么解决问题，只会研究如何追究责任。往往跟“受害者”越亲近的人，被追究的责任就越多。比如，“受害者”在工作中被领导骂了，Ta会责怪父母没能给Ta足够的存款，所以Ta才需要去工作而受气，会责怪伴侣收入太低，否则Ta也不用上班。Ta理直气壮地冲父母和伴侣发脾气，却从不去思考以后如何减少工作时被骂的概率。

所以跟“受害者”们相处久了，伴侣会因经常被责怪而排斥这段关系，也会由于承担了过多责任而感到疲惫和委屈。

归因错误，导致追责错误

有受害者思维的人，在个人归因风格上属于外控者。

所谓归因风格，指一个人对外部事件发生的原因的推导倾向，主要分为内归因和外归因。内归因，就是把事件发生归因为个人能力、态度、特点、情绪等当事人个体内部因素。而外归因，则是把事件发生归因为外部环境、客观情况、他人干扰等当事人个体之外的因素。

有受害者思维的人，就是习惯外归因的外控者，即无论事情发生在自己还是别人身上，无论事件性质好坏，他们都更倾向于外归因。自己升职加薪了，“受害者”（外归因）会认为主要还是运气好（主要是外部因素：运气），其次才可能是自己的努力；自己被降薪了，“受害者”（外归因）会认为是领导针对、同事排挤、伴侣出馊主意、运气不好（完全是外部因素：领导、同事、伴侣、运气）。

结果就是，当遇到糟糕的事情时，“受害者”们只能看到外部因素，只会埋怨外界，几乎无法意识到自身需要承担的责任。可外部世界并不会因为你的埋怨而有分毫改变，结果就是“受害者”们身边的人为了避免被无故追究责任而避之不及，而“受害者”就一路自怨自艾，眼睁睁地看着自己的生活陷入越来越糟糕的境地。

正确归因，改变现状

有受害者思维的人，需要学会转变自己的受害者思维，把个人归因风格从外归因转变为内归因，从自身找改善现状的办法。具体方法如下。

按照下表顺序拆解每件让自己难受的事情。

第一步，写下让自己难受的事，要注意写清楚“谁，在什么地方，做了什么事，导致了什么结果”。

第二步，按照自己的归因习惯，写出导致事件发生的最主要原因（只写一个）。

第三步，写下自己维持现状的原因。很多情况下，我们都会认为自己是不得不维持现状，但事实上我们的每个行为都是潜意识权衡利弊的结果，维持现状有好处，于是我们“选择”了维持现状，但维持现状又有坏处，于是我们产生了负面情绪。所以我们必须把维持现状的好处都列出来，才能够意识到阻止自己改变现状的力量从何而来。

第四步，写下自己现在能采取的可能改变现状的行动。只要对改变现状可能有帮助的，都写下来。每个现实问题至少有三种解决方案，这里不过高要求，写两到三项改变现状的措施即可。

第五步，写下“当初做什么”可以避免现状出现，提前减少“受害”的可能性。

第一项	第二项	第三项	第四项	第五项
让我难受的事情	归因（这件事为什么发生）	我为什么选择维持现状	我现在能做什么改变现状	我当初能做什么避免出现这一现状
帮离职的同事收拾“烂摊子”，很烦、难度很大	我倒霉	①主管脾气大，不好沟通，不敢去 ②离职后不确定下份工作怎么样	①向主管求援 ②让主管降低要求 ③离职	①提升工作能力 ②选择离职率低的公司 ③选择内部管理更规范的公司
跟男朋友诉苦后他不理解我	他对我的感受不关心	①现在太累，由着本能最舒服 ②想惩罚男朋友，又怕闹太大会分手	①告诉他我需要的是情绪被看到、被关注 ②找更能理解自己的女生诉苦	①事先告诉他我只需要他听我说我多难受 ②找他有空的时间说 ③找他只询问解决方案
新公司待遇和前景比不上原公司	男朋友出的主意不好	①现在的工作清闲一点，能休息 ②离职后不确定下份工作怎么样 ③新公司人际关系氛围好	①继续寻找别的工作机会 ②问问原先的主管能不能回去 ③趁有空发展副业	①离职前先看市场招聘行情 ②有离职冲动的话，先梳理下现在这份工作的好处和坏处分别是什么

这个方法的核心是第二、三、四项。

第二项让“受害者”们看到自己是如何将现状归咎于他人和外界的。第三项帮助“受害者”们意识到维持现状并非迫不得已，而是自己权衡利弊的结果。第四项帮助“受害者”们把注意力从自怨自艾转移到解决现实问题上。通过逐步增加“受害者”们承担的责任，从而让现状有改变的可能。

感情Tips

问题导向&感受导向

男性会产生聊天意愿，多是遇到需要解决的问题，也就是问题导向。而女性会产生聊天意愿，多是有感受需要分享，也就是感受导向。

所以，男性表达时更关注听众有没有理解清楚他面临的问题是什么，以及有没有解决方案；而女性表达时更关注听众有没有关注她的感受，以及能不能理解她的感受到底是什么。

结果就是，男性跟女性沟通，会觉得女性聊不到重点，解决不了问题；女性跟男性沟通，会觉得男性不够关心自己的感受，交流起来不舒服。

因此，有问题导向的男性跟女性沟通，要明确表示自己需要对方提供的帮助是什么；而有感受导向的女性跟男性沟通，要明确表示自己只需要对方关心、关注自己的感受而无须对方帮忙解决问题。

内控者&外控者

内控者容易焦虑，外控者容易抑郁。外控者由于习惯把改变现状的责任推给外界，所以在遇到糟糕事情时，呈现出的是对于改变外界无能为力的抑郁状态；而内控者由于习惯把改变现状的责任归结到自身，所以在遇到糟糕事情时，呈现出的是对自身能力不足的自责和对外界失控的焦虑。无论是内控者还是外控者，都需要掌握下列三条科学原则，才能减少不必要的烦恼。

①任何特定的行为，都是由许多原因决定的。

②如果有两个以上可能起作用的原因，不要轻易把结果归因于其中某个特殊的原因。

③假如某特定原因总跟特定结果相联系，前者不存在时后者也不出现，就可暂时把后者归因于前者。

第六章

管理情绪的关键，是更换你的情绪模式

情绪模式，指由于受环境持续刺激而产生的固定情绪反应。把情绪价值比作一栋楼的话，情绪模式就是组成楼体的混凝土，依附于认知模式之上。

小己和老公结婚一年多，目前怀孕六个月了。近期的一次吵架，让他们的婚姻关系降到了冰点。

起因不算什么大事，两人只是在讨论过年应该去谁家过。由于双方各执己见，都想回自己家陪父母过年，所以僵持不下，双方情绪越来越大。小己老公说话越来越大声，最后还吼了起来。小己也不甘示弱，吼说自己是孕妇，让老公说话小点声，但小己老公依然大声咆哮。

小己顿时觉得自己很委屈，平常不让着她就算了，现在她是孕妇，对方也不为她着想，还这么大声地吼她。想起以前自己受委屈时，老公也是这样，不但不安慰，还会教训、指责自己。她越想越伤心，哭了起来。见小己哭，老公没有任何表示，只是沉默不语。小己越哭越崩溃，开始把桌子上的碗筷往地上摔。

见她摔碗筷，小己的老公终于有反应了，却不是安慰她，而是冷着脸怂恿她，让她继续摔，还说她最好把整个家都砸了。怒不可遏的小己跑到厨房，把锅碗瓢盆全拿出来摔了，留下一地的碎瓷片。

摔完了餐具，小己红着眼睛、流着鼻涕，呼哧呼哧喘着气，她老公则黑着脸咬牙切齿地看着她。小己对老公很失望，她不理解为什么他看到自己这么痛苦，也不肯迁就一下哄哄自己。小己老公则冷冷地说，自己需要考虑还要不要这个孩子。双方就此冷战，分房而睡。

错误的情绪模式：情绪付诸行动&情绪漠视

情绪的表达模式有两种，一种是靠语言，另一种是靠行动。

靠语言发泄情绪的人，是有情绪表达能力的人。这类人有情绪时，能跟别人说清楚自己现在有什么感受。情绪表达能力更强的人，还能说清楚自己是因为什么而有不愉快的感受，让别人能够更好地理解自己。而靠行动发泄情绪的人，则是有情绪表达障碍的人，或称情绪化的人。这类人有情绪时，不擅长用语言表达出来，只能通过肢体动作表达情绪，即把情绪付诸行动。

在上例的沟通过程中——

“小己也不甘示弱，吼说自己是孕妇，让老公说话小点声。”

“小己顿时觉得自己很委屈……哭了起来。”

“小已越哭越崩溃，开始把桌子上的碗筷往地上摔。……跑到厨房，把锅碗瓢盆全拿出来摔了。”

这些就是小已诉诸行动的情绪表达。她会通过吼、激发对方的愧疚自责、质问等行为表达自己诉求得不到满足的情绪。

从小已的角度来看：我已经这么痛苦了，可老公依然没有考虑我的感受并且安慰我，他不爱我了。

小已的老公则会通过吼、沉默、威胁等诉诸行动的方式，来表达自己的诉求得不到满足的情绪，如：

“小已老公说话越来越大声，最后还吼了起来。”

“小已的老公没有任何表示，只是沉默不语。”

“冷着脸怂恿她，让她继续摔，还说她最好把整个家都砸了。”

“小已老公则冷冷地说，自己需要考虑还要不要这个孩子。”

从小已老公的角度来看：她已经折腾我这么久，而且砸了这么多东西了，我忍她到现在已经是仁至义尽了。

两个人都觉得很累、很委屈，却都缺乏把自己的委屈和累告诉对方的能力，只能通过发脾气、攻击对方和攻击外界表达，导致无法有效沟通，这就是典型的情绪失语造成的情绪付诸行动。

如果小已能够用语言表达自己的情绪，在有矛盾时说：“你不愿迁就我的想法，让我觉得很委屈。”感受一下，是不是比吼叫、激发愧疚感、质问和砸东西更让人觉得轻松？

如果小已的老公能用语言表达情绪，那就会在小已吼叫的时候说：“你说话这么大声，让我觉得压力很大，亲爱的，咱们好好沟通吧。”感受一下，是不是也比吼叫、沉默和威胁更让人觉得舒服？

这两个例子，就是当我们有情绪时，沟通的正确表达——情绪表达。我们要把自己有什么情绪、自己为什么有情绪说出来，才能够帮助对方理解自己，而不是直接把情绪具象化为行动表达。诉诸行动往往会伤害到对方，导致对方的防御也被激起，双方只能看到彼此刺人的面具，很难看到面具下脆弱、孤独的真实面目。

此外，小己和老公之间的矛盾之所以会越沟通越大，除了双方都不会情绪表达外，还有另一个重要原因，就是情绪漠视。

一方表达出自己的情绪后，另一方无视对方，甚至以排斥的态度攻击对方的情绪，这就是情绪漠视。如上例中，小己一开始哭时，她老公对此不做反应，这就是情绪漠视；后续小己砸碗筷发泄情绪时，她老公冷着脸怂恿她继续砸，而没有关注她的感情，这也是情绪漠视。而一开始小己老公吼叫时，小己也吼叫着回应，这是情绪漠视；老公冷着脸让她继续摔碗筷、砸东西时，小己就去厨房摔东西，同样也没有关注对方的感受，这还是情绪漠视。

情绪付诸行动往往会跟情绪漠视相辅相成，互为因果，形成一种不健康的互动模式。

现实中我们往往很难弄清楚一段感情的互动模式有问题，到底是情绪诉诸行动的一方为因，还是情绪漠视的一方为因。

假设你是一个有情绪表达能力的人，你有情绪时，能够准确地说清楚自己有多难受以及难受的原因，甚至能说出自己需要对方怎样来安抚自己的情绪。可你的伴侣却是一个有情绪漠视习惯的人。于是，无论你如何精确地表达自己的情绪，对方都是一副漠不关心的样子，久了甚至还会有点排斥和不耐烦。那结果自然是你的情绪会越来越崩溃，最终变成把情绪付诸行动的人，而他则会继续冷眼旁观，让你变得更加歇斯底里。

再假设你是一个有共情能力的人，你能够帮助伴侣表达出情绪，而且能够安抚对方的情绪。可你的伴侣却是一个只会把情绪付诸行动的人。于是无论你怎么安抚，怎么引导对方表达情绪，对方都只会像失控的动物一样怒吼、砸东西。那你自然也会失去安抚对方的耐心，因无奈、无力而对对方的疯狂行为视若无睹。

所以，如果你希望你的感情迅速恶化到令对方产生分手的冲动，那你只需要坚定不移地“情绪付诸行动”或“情绪漠视”即可。而当“情绪付诸行动—情绪漠视”的互动模式已经形成时，要想摆脱这种模式，就需要双方配合。

让“理性的我”凌驾于“情绪的我”之上

情绪付诸行动的一方，需要学习情绪表达。

情绪表达，指用语言表达出自己的情绪和产生情绪的原因，学习的重点分三部分：情绪觉察、情绪命名和情绪表达。

①情绪觉察

要想用语言把情绪表达出来，首先你得意识到自己有情绪，你才会想到用语言表达。所以首先需要学习的是情绪觉察。

判断自己有无情绪觉察能力，可以通过这句话来判断：“我知道我处于情绪状态中”。缺乏情绪觉察能力的人，是后面这个我，整个人处于情绪状态中而不自知，会被情绪所操控而做出种种让自己后悔和诧异的行为。

具备情绪觉察能力的人，是前面这个我，是知道自己正处于情绪状态中的人，尽管依然会被情绪折磨，却能够在有情绪时把自己分成两部分，一部分是无情绪的完全理性的我，另一部分是被情绪所折磨操控的我，且让“理性的我”凌驾于“情绪的我”之上，夺取身体的控制权。

要让自己从“情绪的我”变成“理性的我”，就需要培养情绪觉察能力。

情绪觉察能力分为两部分，情绪回忆训练和情绪记录。

情绪回忆，需要先回想几件最近引起自己情绪且诉诸行动的事情，再从中挑一件你印象最深刻的事情进行回忆训练。

回忆训练的第一步，闭上眼睛，回忆情绪发生前的周围环境，有哪些人在，在干什么，附近都有什么东西，各种人物和东西是什么颜色的。

第二步，我们需要让场景中的人动起来，推进剧情。让你的状态从一开始的平静到有情绪，再到把情绪诉诸行动。这个过程有点像我们看电影时，把进度条拉到特定的剧情节点，然后让它继续播放。

第三步，把注意力放到自己的感受上，体验情绪重新在自己身上逐渐浮现出来，又如何离开的整个过程。体会自己的心跳、呼吸、体温变化，不需要抗拒或压抑情绪，记住这些感觉。

通过这个训练，你就拥有了觉察情绪的基本能力，接下来是情绪记录。

（如果回忆不起来，那就在下次发脾气之后立刻尝试回忆。）

情绪记录，是指按照时间、地点、情绪、事件把情绪过程记录下来，如下例：

时间：1月15日，11：30

地点：家里

情绪：生气

事件：和老公争论过年去谁家，结果碗摔了一地

就情绪表达来说，写情绪记录的目的，是为了培养有情绪时先写情绪记录的反应，坚持一个月，你就会发现情绪诉诸行动的情况会越来越少。因为有情绪的时候，写情绪记录成了你的第一反应，那你的理智就打断了情绪的发酵和操控，也就成功摆脱了情绪对你的一次控制。坚持记录情绪，你的情绪控制力就会越来越强，也才有理智思考如何用情绪表达自己的感受。

②情绪命名

在情绪被命名之前，它就是一股不可名状、无法控制的能量。一旦被命名，它就能被看到、被表达。按照表达难度的高

低，我把常见的负面情绪划分为两个阶段，第一阶段的情绪名称比较容易表达，第二阶段难一点，但第二阶段的情绪名称更加具体，更方便伴侣理解你的情绪。

第一阶段：难受、不开心、累、伤心。

第二阶段：委屈、生气、绝望、害怕、无力、疲惫、抑郁、低落、焦虑、烦躁。

③情绪表达

情绪表达，核心是说清楚引发情绪的原因。要披露足够多你关注到的，而伴侣没有意识到的信息，要引导伴侣从你的角度看问题，对方才可能理解你。一般引发情绪的原因可套用公式：我的预期+预期依据+现实落差+导致情绪。

错误示范：“我觉得你都不爱我！你变了！我好伤心。”

正确示范：“我原先还以为你也会支持到我爸妈家过年呢（预期），上一年就是在你爸妈家过的年，今年到我家过年就是理所当然的呀（预期依据），我是不理解你为什么反对，还跟我吵了这么久（现实落差），我好委屈（情绪）。”

吵架时双方的逻辑都是合理的，之所以有分歧，原因在于双方关注的信息重点不同，所以情绪表达需要把自己情绪背后的信息说清楚，让双方基于相同的信息去思考一件事，那达成共识的可能性就会更高。

对等反制，用感受代替说话

情绪诉诸行动的一方，还可以学习一种有技巧地将情绪诉诸行动的方法，叫对等反制。

对等反制是一个国际法概念，意思很简单，就是外国如何制裁我国，我国就用同等程度和同等方式的措施制裁回去。

借用这个概念用于亲密关系中的情绪表达，对等反制的意思就是：伴侣让你产生了什么情绪，你就想办法也让Ta体验到对等的情绪。

对等反制是我和我老公在长期吵架中一起领悟到的一种较为特殊的吵架方法，所以这次讲解就以我们为例。

有一次他说了几句我不爱听的话，我当即跟他表示这些话我不爱听，让他以后别再说。

其实我这样做是不尊重他的，因为听后难受是我自己的事情，他想说什么则是他自己的事情。我为了让自己少难受就限制他的言论自由，其实是不对的。但当时我有情绪，也就顾不上这些了。

上面这些道理，我知道，他也知道，毕竟我们都是咨询师，会经常跟来访者讲这些维护关系的正确思路，所以他不会拿这些道理来说教我。他一般会采取两种方式影响我的感受，从而改变我的行为，一是模仿我，二是极端化。

模仿我，就是用我错误对待他的方式来对待我，各种挑我话里的毛病，说我这句话让他难受了，那个词也让他难受了，他甚至还会拿个便签，专门记下一系列禁句，跟我说以后说话时要注意他介意的那些句子，类似的意思都不能说，但凡我说了他就会装出一副伤心欲绝或怒不可遏的模样，让我直接体验他不被尊重、被过度干涉的感受。

极端化，就是因噎废食，干脆不说话。家里其他人跟他说话他都会回应，但只要我跟他说话，他就只会闭着嘴装哑巴，让我憋得难受。

基本过不了半天，我就会跟他道歉，请他重开尊口。毕竟我的沟通欲望比他强得多，他一天不说话没感觉，我一天不说话可受不了。

其实有矛盾后，怎么做才是对的，我们两人都心知肚明。但感受摆在那里，感受不消除，就算知道怎么做是对的，人也很难控制自己做正确的事情。而对等反制这种方式，就是在帮助错误对待伴侣的一方调整其感受，从而调整其行为。

感受才是最能够促进互相理解的媒介，一旦双方感受上互相理解了，矛盾也就消解了一大半。

当然，这种方法是有前提限制的。适用的前提，首先是双方认知层面上针对谁对谁错是有大致共识的；其次是双方的情绪稳定性足够高，需要先消化自己的大部分情绪，再实施对等反制，避免措施不对等。

这样的话，我们不仅能够通过感受的对等反制在有矛盾时促进互相理解，而且由于我们两个自己做错后，都是死不认错，揣着明白装糊涂，所以往往他对我对等反制或我对他对等反制的时候，我们都会忍不住笑出来，几乎不存在让矛盾变得更严重的风险，反而让生活多了点好玩的事情。养成这种吵架习惯后，对方做错时，我们不仅不会被情绪所控制，反而会特别兴奋，因为又可以名正言顺地整蛊对方了。

共情，让你成为情绪“消防员”

有情绪漠视习惯的人，需要学习共情。

现实中，很多人都有情绪漠视的反馈习惯，不一定是以小己老公这种完全不反应的方式呈现出来。常见的情绪漠视反馈方式有：

①“鸡汤”：雷霆雨露均是天恩，我们应该往好了想，做人积极点！

②转移重点到自身：你可能不知道，当初那谁谁也是这样对我的，你知道当时我是怎么做的吗？当时我……

③道德压迫：大家都很担心你，你可要快点开心起来啊！

④活在当下：都已经过去了，现在开心最重要，朝前看。

这些反馈初衷和形式都不同，但有一个共同的特点，是拒绝对方的情绪，不允许对方的情绪存在。对于情绪上头的人来说，此时Ta和情绪是黏在一起不分彼此的，他人对其情绪的拒绝，从感受上来说，就是在拒绝Ta这个人本身。因此有情绪的人遇到有情绪漠视习惯的人，往往很容易生气，而且也不愿多沟通。

说完了反例，我们来聊聊共情。共情，指在他人有负面情绪时，关注对方的情绪，把自己作为对方情绪的容器，引导对方把情绪表达清楚，并给予积极反馈，促使对方把内心的负面情绪倾倒到自己这边，帮助对方捋清楚情绪逻辑，从而使对方的情绪状态平复的过程。

共情是心理咨询的技巧之一，几乎所有的原生家庭心理问题，都源于孩子在早年环境中的情绪没有被看到，也没有被正确共情。因此，当下的正确共情，能够填补早年环境挖的坑，具有修复内在客体关系、促进人格完善的奇效。

学习共情，重点分四部分：他人情绪觉察、引导表达、倾听反馈和共情反馈。

①他人情绪觉察

如果你不知道他人有情绪，那共情技巧学得再好也找不到用武之地，所以学习共情的第一步，是先学习对他人的情绪进行觉察。

觉察他人情绪的方法很简单，你可以找个人多的地方，比如公司，自己先深呼吸几下，伸懒腰，放轻松。然后扫一眼周边的人，感受一下，有没有哪个方位的人带给你一种压抑的感受，有的话就分辨是哪个人，进一步观察对方的神态，看对方是不是有情绪。确定对方可能有情绪的话，就去跟对方闲聊几句，顺嘴问一句“怎么看起来你有点焦虑/生气/烦躁/低落呀”，确认对方是不是有情绪。

这个练习做久了，首先，身边的人都会觉得你热心和体贴；其次，你对于他人情绪的觉察能力也会越来越敏感且准确，甚至有时不用眼睛看都能感受到别人有情绪。

如果你做这个练习后完全感受不到他人的情绪，此时你需要回过头去做前面情绪觉察的练习，把身体感受和情绪感受连接起来，通过理解自己的感受，从而理解他人的感受。

②引导表达

共情的要义在于少说多听，能够引导对方把自己的情绪完整地表达出来，才说明共情能力强。如果是自己不停说话，去猜对方的情绪，那这不是共情，而是在卖弄。

引导表达，用的是开放式提问：什么、怎么、为什么。

比如，“发生什么事情了？”“怎么突然这么生气呀？”“那他说过为什么不迁就你吗？”。

如果双方本身有矛盾，对方不愿多说，那就要采取封闭式提问“是不是”“对不对”，跟对方确认其有情绪的原因，比如，“是不是我刚刚大声说话让你生气了？”。

③倾听反馈

要引导对方表达自己的情绪，但也不能除了问问题什么都不说，否则对方感受不到你的回应，也会丧失倾诉的欲望，所以还需要倾听反馈。

倾听反馈的类型主要有情绪反馈、澄清反馈、对错反馈、总结反馈四类。

情绪反馈，是直接说出对方可能有的情绪，让对方意识到你最起码是懂Ta的情绪的，你是和Ta同频的，比如“那你一定觉得很委屈吧”。

澄清反馈，是在对方表述不清或有歧义时予以澄清，让对方确认或提供更多细节，让对方意识到Ta说的内容你听得很认真，比如，“你哭了他也没反应吗？”。

对错反馈，也就是站在对方的立场，说出Ta没说出的观点，让对方感到你跟Ta是同一个战壕里的队友，比如，“这没错啊”“你可是孕妇，他本该多迁就、照顾你”。

总结反馈，是把整件事概括一下，向对方表明Ta想表达的核心故事你听明白了，比如“他居然为了这么小一件事跟你吵起来”。

④共情反馈

共情反馈是整个共情的重点，前面所有铺垫都是为了给出一个共情反馈。共情反馈，指从对方的角度说出对方的情绪逻辑或者对方的难处，让对方意识到，你很清楚Ta是由于什么而有情绪，进而让对方产生一种被理解的感受。共情的情绪逻辑和情绪表达的逻辑类似，可套用公式：Ta的预期+预期依据+现实落差+导致情绪。

比如，“你可是孕妇（依据），他本该多迁就、照顾你不说（预期），居然为了这么小一件事跟你吵起来，还这么气你、吓你（现实），你应该受了很大委屈吧（情绪）”。

共情需要注意当下双方的关系状态，像案例中夫妻吵架这种共情方和被共情方敌对的情况下，不适合过多进行共情。否则就会有种一边捅刀，一边关心对方痛不痛的讽刺感。所以这种情况下，要么是安抚情绪后沟通、妥协，达成共识；要么是安抚情绪后，表示双方状态不佳，先暂时跳过这个话题。这里我分别从闺密的角度和伴侣的角度对小己进行共情，大家感受下二者关系状态不同导致的共情方式的区别。

闺密共情版：

——怎么啦？看起来这么伤心（情绪反馈）。

——跟老公吵架了，摔了一地的碗碟，他都不哄我。

——天哪，那你是得多生气啊（情绪反馈），是因为什么吵成这样的（开放式提问）？

——小事一件，就是去他家过年还是去我家过年的问题而已。我想着去年在他家过年，今年就轮到我家了，没想到他死也不同意。

——你这么想没错啊（对错反馈）！

——可不是嘛，我也不知道他哪根筋出问题了，一定要跟我吵。

——那他有说为什么不迁就你吗（开放式提问）？

——没说，他就跟疯了一样在那里大吼大叫的，把我气哭了他也不管。

——你哭了他也没反应（澄清反馈）？

——是啊，所以才吵得摔碗摔碟的，哎，这事可真心累！

——你可是孕妇，他本该多迁就、照顾你不说，居然为了这么小一件事跟你吵起来（总结反馈），还这么气你、吓你，你应该受了很大委屈吧（共情反馈）。

——哎，可不是嘛！

伴侣共情版：

（小已在那里摔碗筷）

——怎么啦？突然这么大火气（开放式提问/情绪反馈）？

——哼！

——是不是我刚刚大声说话让你生气了（封闭式提问）？

——哼！

——还是说，是我不同意去你家过年你生气（封闭式提问）？

——是态度，你的态度我很不喜欢！

——好好好，我认错，不该那么顽固，还那么凶，你是孕妇，我本来就应该更迁就你、更宠着你的，今天却凶你，我错了。你应该生气，但别气坏了身子。

——这几句才像话。

——我刚刚也是一时情绪上头，现在能给我个解释的机会吗，让我说一下为什么我坚持去我家过年（转移话题到具体问题上）？

此外，还需要注意共情的作用和目的之间的区别。

共情的作用是让对方的负面情绪平复，而共情的目的是了解对方当下的情绪及其原因。如果抱着缓解对方负面情绪的目的进行共情，就会把注意力放在确认情绪是否消除上，这样对方会感受到你对其情绪的不接纳，只会让对方有更多负面情绪，而且不愿再跟你交流。而抱着了解对方情绪的目的共情，那你就会把注意力放在确认自己对情绪的理解是否跟对方一致，会让对方感受到你对其情绪的接纳、关心和耐心，这样的共情反馈才会起到缓解情绪的作用。

共情是一套技巧，同时也是一种态度，而态度的影响力远大于技巧。因此，学习共情后，应该是抱着关怀对方的初衷去沟通，而不是以高高在上的姿态给对方答疑解惑。不过在双方有矛盾的时候，别说共情态度了，要保持情绪稳定，使用共情技巧可能都很难，所以要真正发挥出共情的力量，你还需要学习一项咨询技能——移情分析。

移情分析，透过感受去理解对方

这里的“移情”，不是我们日常理解的“移情别恋”里的变心的意思，而是指在咨访关系中，来访者把咨询师当成早年环境中与其有重要关系的人，并把曾经给予这个人的情感都投注到咨询师身上。通俗点讲，移情是以情感为媒介，试图将早年的关系相处模式在当下的关系中进行复制、粘贴。

比如，一个早年由于情绪被父母漠视而对父母带有恨意的来访者，在做咨询的时候一旦信任咨询师，Ta就会表现得相当情绪化和歇斯底里。咨询师如果未能缓解Ta的情绪，解决Ta的问题，Ta就会因此怨恨咨询师。这种把对父母的恨意投注到咨询师身上的过程，就叫移情。

此时，咨询师首先会感受到恐惧和焦虑，觉得这个来访者太失控了，不知道Ta会做出什么冲动的事情；其次，咨询师会感受到无力，来访者不配合咨询，只是一直发泄情绪，同时又希望问题被解决。在这种情况下，咨询师不知从何入手去解决问题；最后，咨询师还会感受到愤怒，因为来访者不但不配合，甚至还质疑自己的专业度。

基于这些情绪，咨询师会觉得这个来访者很难相处，因为一点小事就咋咋呼呼地不消停，也想远离Ta。咨询师这些由于来访者的行为而产生的情绪和针对Ta的情感反应，就是咨询师的反移情。

此时，如果咨询师将这些情绪情感付诸行动，冲着来访者发脾气，或要求Ta控制好自己，或建议Ta去办理退款，结束咨询，就是被来访者的移情引发的反移情所控制，成为来访者人生中无数个漠视Ta情绪的人中的一个，这次咨询也就宣告失败。

如果这个咨询师绷紧脑子里移情分析的弦，能意识到自己体验到的这些情绪情感，都是眼前这个来访者制造的，Ta的人际关系之所以有问题，就是由于Ta总是这样“勾引”别人错误对待Ta，那咨询师就找到了理解这个来访者的钥匙——这些焦虑、恐惧、无力、愤怒、厌恶、想远离或疏远关系的感受，都是Ta在早年关系里曾经体验过，但无力消化的情绪。所以Ta带着这些情绪，来求助Ta信任的人了。

能领悟到这一点，咨询师对这个来访者的负面情绪和负面情感就能消解掉大半，也就有意愿和情绪空间帮助这个来访者。

后续无论是只针对当下咨访互动，从行为角度讨论如何修复现实人际关系，还是探讨早年创伤，用“哀悼”或“空椅子”技术宣泄情绪，抑或催眠、共情，只要咨询师没有被来访者“勾引”得错误对待Ta，依然能够对Ta的情绪保持接纳的态度，那这段咨访关系本身就对来访者有价值，Ta能通过当下这种良性互动，领悟并学会如何跟他人正确相处。

移情不仅会发生在咨询师和来访者的关系中，几乎在每个人建立的所有关系里，都会有移情的影子。我们无时无刻不在对他人进行移情，也无时无刻不在对抗或顺从他人“勾引”起的反移情。从移情的角度看，当下很多亲密关系的矛盾，都是过去问题的延伸，伴侣是通过制造感受告诉我们，Ta曾经体验过多么糟糕的感受，期望得到我们的理解，期望我们帮助Ta消化这种情绪，只是Ta不知道自己在做这件事，而处于感情中的我们也很难意识到这一点，所以就会变成双方经常无来由地吵架。

原生家庭问题越多的人，在关系中移情制造出的反移情，就越可能是负面情绪和负面情感，自然在后续的亲密关系以及人际关系中更容易有矛盾冲突。

我们不能要求未接受专业培训的普通人拥有移情分析的能

力，因为无论是保持移情分析的意识，还是训练出条分缕析的分析能力，都不是一件容易的事情。但至少我们需要保持一个意识，即当下关系中的矛盾，不仅仅是你们两个人之间的事情，背后有双方对他人尤其是对养育者和生命中的重要他人的情感纠葛。你们的敌人不是彼此，而是彼此的糟糕过往给各自带来的负面影响。

亲密关系之所以有疗愈作用，就是由于我们作为成年人，对彼此的爱能够让我们在一定程度上抗衡对方负性移情产生的糟糕反移情，而依然坚持正确对待对方。

彼此都变得更好相处、更能理解他人，才是一段健康亲密关系的标志。所以，当你恋爱后发现自己性情大变，变得很难相处，状态很糟糕，那你就要思考：

对方的哪些行为改变了原来的你?

对方的行为是通过制造哪些感受来影响你?

面对对方的负面影响，你如何不被改变?

你要如何反过来给对方施加积极影响?

（当然，性情大变也有可能是由于你自身的创伤在安全的亲密关系中暴露出来，详见后续第三部分内容。）

第七章

如何科学地改掉那些让人心塞的表达习惯

行为模式，指人通过学习形成的相对稳定的行为习惯。把情绪价值比作一栋大楼，行为模式就是外面的瓷砖，是最显眼、最容易被觉察到的部分。

小其是个一开口就让别人不想接话的人，比如刚工作不久的男朋友升小组长了，卖了半天关子，晚上吃饭时才告诉小其这个好消息。结果小其的反应很平淡，她已经工作几年了，主管、经理、部长，她都当过。所以她不以为然地说："才升个小组长就开心成这样，神神秘秘的，我还以为你要送我什么好东西呢！"男朋友瞬间就跟被冷水浇了一样。

还有一次，小其男朋友被主管撺掇着离职，一起创业。于是他晚上兴冲冲地跟小其说自己遇到伯乐，准备当老板了。但小其听完，直接表示这事不靠谱，接着从法律风险和项目可行性的角度说明为什么不靠谱，顺带还给他讲了两个失败案例。男朋友想反驳，但无奈社会经验没小其丰富，只能闷闷不乐地玩游戏去了。

渐渐地，男朋友主动跟小其说话的次数越来越少。她上段感情就是因为双方沟通太少，最后导致分手。所以她有点慌，但也很困惑："我说的明明都是对的啊，怎么他就接受不了呢？"

最让人心塞的六种表达习惯

很多有上述表达习惯的人，会觉得话糙理不糙，他们认为只要自己说得对，那表达技巧就无所谓。但事实上，表达的内容有无价值、观点对错固然重要，但在伴侣间的沟通过程中，比起这二者，更基础也更重要的，其实是感受。感受上排斥的东西，那就是"话不投机半句多"，理智上是很难接纳、消化的。内容再有价值、观点再对，也很难让对方接受，只会徒增嫌隙和冲突。

我们每个人或多或少都会有一些低情绪价值的表达习惯，除了案例中小其的贬低、否定打压外，最常见的还有阴阳怪气、贴标签、道德绑架、指责等。

①贬低

当别人取得成就（无论大小）的时候，对其成就做出负面评价，就是贬低。

如案例中，小其的男朋友升小组长了，尽管在小其看来这没什么，但从男朋友的角度看，这是他第一次在工作中承担管理责任，是外部世界对他能力的一种认可。他跟小其分享他的成就，是希望小其认可他。小其却表现出对他成就的鄙夷和不屑，她男朋友自然不想多说。

生活中典型的贬低式回应还有：“切，这点小事谁不会做呀！”“瞧你这得意样儿，不知道的还以为你中五千万了呢！”“你这才到哪呢，尾巴都翘起来了！”

②否定打压

否定打压，就是对方有了计划或规划后，挑问题打击对方的自信心。

如案例中，小其男朋友打算创业，尽管客观上这个创业计划的可行性不大，但其中至少有部分逻辑是成立的，男朋友才会跃跃欲试。这种情况下小其直接指出其中的问题所在，并且否定了整个创业计划，尽管是在就事论事，却也相当于否定了男朋友的智商和能力，所以男朋友就闷闷不乐了。

生活中典型的否定打压式回应还有：“要是连你都能晋升，那你们公司怕是要倒闭咯！”“没能力就踏实点，别好高骛远！”“你一定办不成的，少瞎想了！”

③阴阳怪气

阴阳怪气，就是拐着弯地骂人，让对方不舒服，又让对方无法反驳。

比如觉得对方的观点不对，但不直接否定对方，而是说：“哟！我看你这面色红润也不像有病啊，怎么净说胡话？”

比如，某人由于特殊原因做了平常几乎不做的事情，而且不想让人知道，此时提高音调对这个人说：“哎哟！今天太阳是从西边升起来啦？”让身边人的注意力都转移到这边来。

比如，看到别人买了个名牌包包，就过去说“啧啧啧，找个有钱老板做男朋友就是好”，暗示对方傍大款、不劳而获。

阴阳怪气是把复杂的带有恶意和敌意的内在意义包裹在看起来并没问题的表层结构（字面意思）里，由于内在意义过于丰富，往往让人不舒服，又没法从简单的表层结构中找到回击的思路，更让人难受。

④贴标签

贴标签，就是拿一件事情以偏概全地给别人定性并预测未来（往往预测的是坏结果）。

比如，让别人帮忙被拒绝了，就贴“没人情味”标签：“这点儿忙都不帮，没想到你这么没人情味。”

比如，别人遇到了糟心事一直抱怨，就贴“负能量”标签：“你这个人就是负能量，所以才总是遇到那么多烦心事。”

比如，跟别人拌了两句嘴，就贴“低情商”标签：“一听你说话我就不开心，你这个人怎么情商这么低？”

贴标签是高高在上地给对方下定义，且表明自己没有耐心了解对方行为背后的真正原因或面临事情的前因后果，既不关心对方现状，也不关心对方感受，更不尊重对方。

⑤道德绑架

道德绑架，就是为了自己的利益，而给别人戴高帽或将对方置于道德两难境地。

比如，别的同事刚忙完手头的活儿，立马就用“你是个好人”为由让对方来帮自己的忙：“你现在没事做，那来帮我把这个表格的数据填好吧，你人这么好，不会见死不救吧？”

比如，提要求被对方拒绝了，就曲解对方的意思，逼迫对方为自证清白而帮自己：“你上次帮他，这次不帮我，是看不起我吗？”

比如，通过吹捧对方的能力和条件，把帮助自己变成对方的义务：“你家里好几套房，这么有钱，借我点周转下不会怎么样吧？”

道德绑架是利用别人期望得到好评价的需求，把“好评价”和“满足我的诉求”绑定在一起，迫使别人要么承认自己没那么好，要么就得满足其诉求，是一种操控他人的方式。

⑥指责

指责，就是遇到事情的时候，把话题的重点从解决事情转移到追究责任上，且理直气壮地要求对方承担责任和后果。

比如，当事情发展超出预期时，责备在想办法解决的人：“现在想办法还有什么用，什么都完了！都怪你！”

比如，一起合作的项目失败了，就责备合作伙伴：“当初要不是听了你的建议，哪会是这个结果？”

比如，当下的生活境况不如意，就责备伴侣：“都是你的错，我这辈子就因为你全毁了。”

指责是把自己对现实不满又无法改变的无力感通过愤怒的形式表达出来，让自己感觉舒服点，却会让身边的人感到委屈和无力。

操控表达习惯的四股力量

或许我们意识层面也知道这些表达习惯不好，想改变，却又发现困难重重。这是因为每个习惯背后至少有四股力量在操控。

①潜伏学习，没有被表现出来而不可见的学习

我们在自己不知道的情况下，其实已经为了适应早年环境而形成了特定的思维、行为、情绪反应模式。

1930年，行为主义心理学家托尔曼和霍恩奇克做过这样一个实验：他们把两组老鼠放到只有一个出口的迷宫里，第一组老鼠的迷宫出口有食物，第二组老鼠的迷宫出口没有食物。有食物的那组老鼠大都会通过气味的引导跑出迷宫，而没食物的那组老鼠基本都在迷宫里漫无目的地探索。食物相当于奖励，有奖励会强化老鼠对迷宫路线的学习和记忆，而没有奖励则不强化。但是，当第二组老鼠的迷宫出口也有食物的时候，实验人员却发现第二组老鼠可以跟第一组老鼠以同样高（甚至高于第一组）的正确率跑完迷宫。

这个实验揭示了一个概念，叫潜伏学习，也就是当那组漫无目的的老鼠到处探索时，它们其实在无意识中学到了很多东西，

以此构建了认知地图，只等一个合适的时机，它们就能直接用认知地图指导行动。

我们对环境的适应也是同理，在我们的早年环境中，我们已经不知不觉学习了无数行为模式、情绪模式、认知模式，有的会通过行为表现出来，有的则处于潜伏状态，等到处于合适的场景和合适的关系中，才会通过行为自然地呈现出来。

所以我们恋爱或结婚后才出现的一系列坏习惯，其实有很大一部分是在早年无意识中学会的。连什么时候什么情况下学到的都不知道，要消除其影响自然很困难。

所以古语云“近朱者赤，近墨者黑”，我们要把自己浸泡到一个什么样的环境中是很重要的一件事。你完全无法确定你的大脑在你不知道的情况下，会从周边环境学到多少东西。你唯一可以做的，就是让你所处的人际环境尽可能地和谐、积极，让自己从此刻开始潜伏学习的内容更有利于与他人的关系维护。

②强化与惩罚

我们的行为反应，会受外界反馈影响而改变，最主要的两类反馈是强化与惩罚。

强化分为正强化和负强化，正强化是通过增加积极体验提高特定行为出现的频率，负强化是通过减少消极体验提高特定行为出现的频率。

比如，小其这类习惯否定打压他人的人，如果她否定别人后，别人认同她的评价，而且觉得她很有主见，这种被信任、被崇拜的积极体验，就是正强化。积极体验强化了“否定打压”的行为，后续她否定打压他人的可能性就会更大。

如果小其是空降的主管，手下的组员和组长对她不太服气，很难管理，她在焦头烂额的情况下情绪失控，对手下员工否定打压，结果员工由于怕她反而变得好管理了，那这种失控感和焦虑的减少，就是负强化。消极体验减少强化了“否定打压”的行为，后续她否定打压他人的可能性也会更大。

惩罚也分为正惩罚和负惩罚，正惩罚是通过增加消极体验消退特定行为，负惩罚是通过减少积极体验消退特定行为。

比如，小其否定打压伴侣后，伴侣发脾气或不跟她说话，这种拒绝沟通的表态会让小其生气，这就是增加了消极体验，可以减少她打压否定伴侣行为的出现频率。

又比如，伴侣每晚睡前都会陪小其聊天放松心情，小其否定打压伴侣后，伴侣睡前自己听歌，不跟小其聊天，这就减少了小其感受亲密的积极体验，可以减少她否定打压伴侣行为的出现频率。

早年环境中养育者的反馈，相当于无数的强化和惩罚，会塑造出很多我们以为是本能但事实上是习得的行为反应。而且行为反应存在一个刺激泛化的过程。刺激泛化，就是我们会把一种应对外界特定刺激的有效反应方式，变成应对类似刺激的常用方式，比如曾经面对父母的否定时，反过来也否定打压他们能有效克制他们的否定，那以后遇到类似否定打压的刺激时，比如领导批评、客户投诉、伴侣不满，我们就可能会采取否定打压的方式去应对。

我们每时每刻都在跟伴侣以及身边的人进行着正强化、负强化、正惩罚、负惩罚和刺激泛化，从而调整彼此的行为、驯化彼此，形成一系列相对稳定的反应模式，这就是相处模式。换言之，我们的行为并不是独立存在的，而是在各种复杂交织的关系中双方潜意识博弈的结果。

③观察学习

我们学习行为的方式，除了自己亲身实践获得外界反馈调整外，还可以通过观察他人而习得。

心理学家、社会学习理论大师班杜拉曾做过这样一个实验：他让托儿所的三组儿童看同一部影片，影片内容是一名成年人要求一个充气人偶走开，人偶不遵从命令，于是成年人将人偶推倒，对其拳打脚踢。

接着，三组儿童分别看到了不同的影片结尾，第一组看到的是这个成年人被另一个人表扬，并得到了糖果和饮料；第二组看到的是另一个人责备这个成年人，并拍打他；第三组看到的影片没有结尾。

实验结果是，第一组儿童在后续观察中出现暴力行为的频率最高，第三组次之，第二组最低。所以实验结论就是，通过观察别人的行为反应及其后果，我们可以学会他人的行为，而决定我们在多大程度上把观察学习到的行为转化为自身行为的，是观察的这个对象做出行为反应后受到的待遇好坏。

看到这里，你可能会觉得很容易理解，看别人做事情成功了我们会模仿，失败了我们就不会模仿，每个人都懂这个道理。但问题是，“成功/好”或“失败/坏”的定义，是有情境局限性的主观判断。

设想一下，在一个家庭里，父亲跟母亲吵架时会殴打母亲，然后母亲就妥协了。就算孩子知道“打人是不对的、不好的”，也通过观察学习学会了“暴力是让他人妥协的有效方式”，后续遇到“他人不服从我的想法”的刺激时，这个孩子便容易采取暴力行为。假如孩子随后在学校跟同学打架，校方叫家长，回家后孩子被父亲打了一顿。那父亲的这个行为，事实上也是在告诉这个孩子“暴力是惩罚他人的有效方式”，后续遇到“别人让我不愉快”的类似刺激时，孩子便更可能用暴力惩罚对方。因此，在家庭教育中，父母做什么比父母说什么更重要，父母是什么样的人比父母做什么更重要。所以家庭教育的关键是看父母双方的人格成熟度，而非教育行为或说教内容。

我们早年学会的行为反应，不一定是我们自己想学的，但一定是我们所处的早年环境中存在且有利于行为示范者的，结果就是我们学到了一些离开早年环境或缺乏示范者身份就容易失效的行为，或者是学到了只得到短期利益而牺牲关系和谐的行为。

④设立标准，自我改造

前三股操控行为的力量，都是对我们影响深远且在我们控制范围外的，但幸好还有与之完全相反的第四股力量，这是百分之百由我们自己控制的——我们给自己设定并践行的行为标准。

人类最大的优势，就在于我们可以有意识地改造自己。我们会有自己认为好坏对错的行为评价标准，并据此调整自己的行为。但改造自己确实不是一件容易的事情，科学的自我改造得遵循两个原则、三个步骤。

原则一：不要以“改掉旧行为”为目标，而要以“习得新行为”为目标。旧的不良行为就像一柄卷了刃的刀，尽管用处不大，但在战场上，有这把刀还是比没有好，贸然把刀扔掉，我们的潜意识是不允许的。所以我们应该做的是带着这把刀继续往前走，看能不能找到更锋利的武器代替这把刀。

原则二：不要期望新行为可以一次尝试便习得。新行为习得的过程，是一个不断接近自己设定的标准的过程，不要非黑即白地认为没达成标准就是失败，只要跟过去的旧行为相比更接近自己的标准，就说明你的努力方向是正确的。

自我改造的三个步骤分别是：设定目标、设计行为、行为强化。

第一步，设定目标。只要是我们对自己的期望，都可以设定为自我改造的目标，比如期望自己更温柔、更体贴、情商更高等。

第二步，设计行为，即将目标设计为特定情境下的特定行为。比如，小其给自己设定的目标是让自己更体贴，那可以设计出来的行为就是“在男朋友跟我说他那不靠谱的创业计划时，用更不伤害他自尊心的方式指出其问题”，接着进一步细化为应该如何措辞才不会伤害他的自尊心（如改成认可正确的部分）。在后面的“五种高情绪价值的表达习惯”部分，我会针对前面提到的六种不良沟通习惯，给出细化的替代性行为，作为设计行为的参考（如果设计的行为难度太高，那可以把行为拆分成几个行为或划分不同层级的行为）。

第三步，行为强化，即将新行为的“刺激—行为反应”类型化，再通过正强化促使自己的行为得到强化。如小其可以总结出一个正确的反应类型是“他人暴露出不足（刺激）—认可其中正确的部分（行为反应）”，随后在自己做出正确的行为反应时，给予自己奖励，作为正强化。奖励是可以让自己感受到愉悦的事情，比如喝奶茶、吃蛋糕、看半小时综艺节目、发呆、看小说、按摩、购物、旅游等。为了让奖励持续有效地激励新行为，可以采取间歇性强化的方式增强强化效果。比如在奖励里掺入三分之一“谢谢参与”，然后每次选取奖励时，通过随机掷骰子的方式选择，把游戏常用的这种随机奖励方式融入行为塑造中；同时还可以采取代币制平衡奖励成本，比如，每次行为正确都可以得到一个积分，三个积分换一次按摩、五个积分换一件衣服、七个积分换一个包包、十五个积分换一次旅游等，把游戏常用的积分制也引入进来。当然，你也可以不用这些烦琐的奖励机制，毕竟你的正确行为本身带来的人际关系和谐，也算一种正强化的奖励，同样有激励作用。

体验过自我改造的艰难和痛苦，我们才能意识到期望动动嘴就改造伴侣是多么不现实，从而降低对伴侣的要求。有过成功改造自己的经验，我们才能知道，自己需要怎么做才能引导而非控制伴侣改变行为。也只有改造自己，才能减少自己在不知不觉中破坏关系的行为，增加让伴侣体验到舒适感的行为。

五种高情绪价值的表达习惯

有哪些可以取代坏的表达习惯的高情绪价值行为呢？围绕本章一开始列举的那六种表达习惯，以小其和男朋友的互动为例，我们来一一学习沟通中使用频率最高的高情绪价值的行为。

①贬低，改成夸奖或崇拜

男朋友做了公司小组长后，神神秘秘了大半天才跟小其说。

此时小其要夸奖他的话，可以说：“哇（态度积极）！你居然不到两个月就做组长了（具体事实），太厉害了（正面评价）！我记得之前你说过你们组里有好几个老员工（夸奖依据），你这是越级打怪了呀！”

夸奖=态度积极+具体事实+正面评价+夸奖依据

如果小其要表现出崇拜的话，可以这样说：“哇（态度积极）！太厉害了，你是怎么办到的（提问）？”等他说完之后再感叹：“哇！也就只有你能这样获得主管的认可了（对方的独特所在）。哎呀！你这么优秀，我越来越崇拜你了！”

崇拜=态度积极+提问，给对方讲述其成就的机会+强调对方的独特所在，满足其自恋需求

如果在对方炫耀其成就时，你实在控制不住自己的贬低冲动，那就贬低对方后自贬转夸奖：“就这点小事而已？你又不是我，要是我做这事还值得夸（自贬），你做成这事不是理所当然的吗？你这么优秀（正面评价），主管天天表扬的人（夸奖依据）。”

②否定打压，改成先认可后给建议

男朋友被主管忽悠准备创业。此时小其要认可男朋友并给建议的话，可以说：“确实有道理（正面评价），这个思路里面有三个关键点抓对了，一是××，二是××，三是××（评价依据）。只是要想成功的话，还有两个需要注意的地方，一是××，二是××（不足之处）。此外，还需要注意风险×××（劝退理由）。”

认可后给建议=正面评价+评价依据+不足之处+劝退理由

（注：必须严格按照这个顺序从好说到坏，最坏的地方放最后，且表态不能是“因为有这个坏处，所以我不赞成”，而应该是“因为有这个坏处，所以你得更加小心”，表明对对方的无条件尊重、信任和支持。）

如果在对方有不切实际的规划时，你实在忍不住否定打压对方，那就在否定后道歉，并按照上述顺序重新表述一遍，给出建设性意见，把“你不可能成功”这种带反对意味的原意，改成“要成功的话，还有某些地方需要调整”这种带支持意味的表达。

③阴阳怪气、贴标签，改成就事论事

阴阳怪气是把复杂且带恶意的内容隐藏到看起来并无恶意的

表层结构中，而贴标签则是脱离当下的事情本身转而进行人身攻击，二者都是对对方有不满后不直接沟通，转而发泄自己的敌意，只是具体的发泄方式不同，所以都需要改成就事论事的沟通方式，聚焦当下。

觉得对方的观点不对，别阴阳怪气，而是针对观点直接表达自己的反对观点以及依据，以此去反驳对方。

别人遇到了糟心事一直抱怨，别给对方贴“负能量”的标签，而应该就事论事地表达自己的感受，“听你说了这么多，我也觉得好累、好压抑”。或表达自己的观点，“这件事从我的角度看……”或者也可以用共情的方式：“换谁遇到这事都会这么糟心，你原想着××，结果却××。”

总之，要么把沟通主题始终放在对方当下的言行或遇到的事情上，要么干脆不沟通，而不要带着敌意地回应，破坏关系。

如果对方激起了你的敌意，你忍不住用阴阳怪气的话怼对方，那就说完跟对方道歉，表示自己说话难听，并在事后做出示好的行为，比如送点好吃的；如果忍不住给对方贴了负面标签，那就道歉后加一句“不行，我得对你有信心，得相信你，你一定是一个××（正面评价）的人”这种有积极暗示作用的话。

④道德绑架，改成等价交换

道德绑架是逼着对方为了好评价而帮助自己。个人提诉求后应当给出自己可以作为交换的价值，毕竟价值交换才是关系实质。比如，想让对方帮自己处理文档，那就说：“看你忙完了，现在有没有空帮我写下这个文档呀，中午我请你吃大餐，给你点个豪华海鲜煲怎么样？”

请求帮忙被拒绝了，那就加大付出的价值，“海鲜煲加一周的奶茶如何？求求你了”。

请求价值比自己高的人施以援手时，不能以对方条件好为由，而应该以对对方有什么好处为由，如“借钱给我有好处，好处是利息比存银行收益高”。

如果在需要别人帮忙的时候忍不住道德绑架，那就在“绑架”对方后及时补充依据，“先别急着拒绝，对你也是有好处的”，然后说出你可以提供的价值。但要切记，让别人帮忙本身就是欠人情的事情，花钱再多也是对方帮了你，不能因此就觉得可以理直气壮地使唤对方。

⑤指责，改成自我检讨

习惯指责的人其实是过于害怕承担责任，所以在遇到可能需要承担责任的情况时，就会通过指责急着撇清。但事实上，这样做的结果往往是激起他人的指责反击。如果一上来就检讨自己、揽责任，身边的人反而会来宽慰你，为你开脱。

如果事情超出预期的糟糕，那就自我检讨，“抱歉，这件事是我的责任，是我没有考虑周全就下决定”。

如果在某些情况下你依然忍不住指责对方，那就指责完道歉，表示刚刚自己失态了，再做自我检讨，从自身找原因。

把责任和过错归咎于他人，固然能让自己好受些，但也让自己的调整空间更少，改变现状的能力更弱。一家公司如果经营不善，老板责怪员工工作不认真、责怪管理层没有管理好下属、责怪客户太麻烦，就会导致现状没有改善的空间，除了换人别无他法；而如果老板从自身找原因，员工工作不认真是自己定的薪资或KPI出了问题，管理层没有管理好下属是自己筛选、任用人才或招聘员工的思路出了问题，客户太麻烦是自己的产品设计、销售、交付、售后出了问题，那现状可改善的空间就会显现出来。

认同与向加害者认同，让我们不得不模仿父母的防御机制

前面我们从行为习得的角度，探讨了低情绪价值行为的形成原理，包括潜伏学习、强化与惩罚、观察学习、自我标准，并提出了通过设定目标、设计行为、行为强化这种设定自我标准并塑造行为的方式，将自己的低情绪价值行为逐渐转变成高情绪价值行为。

从本部分开始，以及第三部分，我会带你从原生家庭和精神分析的视角，重新审视前面我们提到的诸多低情绪价值的认知、情绪、行为模式，找到那些隐藏更深的、操控着我们、经常被我们认为是“命运”的未被觉知的潜意识。

认同，从强大者那里获得力量的方法

低情绪价值的沟通习惯，具有家族聚集现象以及代际传递现

象。很少出现一家人都很难沟通，但养育出一个高情绪价值的孩子的情况。父母双方都有错误的沟通习惯，孩子大概率好不到哪里去，甚至这些坏习惯还可以传承给孙辈、曾孙辈。在亲子间传递低情绪价值沟通习惯的，是我们的一个心理防御机制——认同。

认同，是一种成熟的建设性防御机制，是在个体面临无力改变现状的困局时，让自己变得像某些地位或成就比自己高的人，通过接纳其特点或分享其成功，从而坚定自己的信心。

比如，一个学生害怕打针但又不得不打，而且还有很多同学在旁边排队，于是为了不露怯丢人，打针时这个学生心里暗想："关云长刮骨疗毒面不改色，我也可以！"这就是通过认同意志力远比自己坚强的人，从而增加自己忍受打针之痛的决心和勇气。

在成长过程中，我们会面临很多年幼的自己无力解决的问题，这种情况下，我们往往就会通过认同自己最亲近的养育者的方式来解决问题或增强信心。

比如，孩子考试成绩差，做错的题找老师或同学请教后也听不懂，所以有很强的挫败感，此时孩子想到，父亲工作时遇到再多麻烦也会坚持处理，只有初中学历的母亲通过自考考到了大专和本科，还在准备读研。孩子认为父母能这样坚持，那自己也可以，于是把课本打开，耐心地从头学习。这就是孩子对养育者的认同的积极作用——帮助孩子坚定信心、克服当下的困难。

但对养育者的认同也存在消极作用。如果父母有一些坏的沟通习惯，如前述的指责、道德绑架、阴阳怪气等，我们由于毫无保留地爱父母、认同父母，便也会认同这些行为反应，若在实践时恰好又得到了正强化，比如被同学语言攻击，无力反驳的情况下学父母阴阳怪气后成功使对方哑口无言，那这些行为也会被我们内化成自己的习惯。

我们保留着这些行为习惯，就算跟父母隔着千山万水，也能通过这些习惯，把早年亲子互动的模式在当下复制出一份，好让我们持续回味早年体验到的那些感受，这就是对父母的忠诚、对父母的爱。

比起这种对养育者不加区分的认同导致习得的低情绪价值的行为习惯，还有一种更复杂也更难调整的特殊认同，是向加害者认同。

向加害者认同，让你变成自己最讨厌的人

向加害者认同的典型例子，就是著名的斯德哥尔摩综合征：被害者由于加害者的加害而对其产生情感，甚至反过来帮助加害者，在法庭上为加害者开脱。

对于大部分人来说，这是很难理解的一件事，为什么别人伤害你，你却还想帮助甚至效仿他们呢？

举个更贴合我们现实生活的例子，就容易理解向加害者认同的原理。比如，现在你是个四年级的学生，你们班里总共有60人，其中有20个人抱团为“青龙帮”，经常霸凌他们看不惯的同学。不幸的是，你是被霸凌的对象之一。有时你的作业交完被别

人偷走了，老师认为你没交作业还说谎，于是训你一顿；有时你下课准备回家，才发现你的自行车车胎被放气了、刹车被拆了；有时你课间上厕所，回来发现文具盒被弄坏，文具散落在桌子上。

每次你找老师告状，但由于所有人都怕“青龙帮”，所以你没有证人。老师就认为只是同学间闹别扭，把两人都批评一顿。当你从办公室回来时，你会发现自己的椅子上和抽屉里全是粉笔灰，而那些霸凌者轻蔑地看着你笑。

这时候，机会来了。有另外一个被霸凌的同学去跟老师告状，他说你是证人，所以老师把你也叫过去。你是选择支持这位同学，然后迎接告状成功后更加猛烈的霸凌，还是借此机会向霸凌你的那群人表诚意加入他们，好摆脱被霸凌的日常呢？

向加害者认同的人，就是选择“投诚”加入霸凌者队伍的人，也就是认同了加害者。

因为在被犯罪分子加害的过程中，这些人没有抗衡罪犯暴力的能力，也没有可以结盟对抗的实力，只能被动地接受罪犯肆无忌惮的暴力，这种无力感会驱使这些人追寻力量，而眼前最有力量的就是犯罪分子。于是这些人就认同了犯罪分子，内化了犯罪分子的行为、思维、情绪反应，完成了向受害者认同的过程。

所以，有斯德哥尔摩综合征的人之所以帮助加害者开脱罪名，其实不是在保护现实的加害者本身，而是在保护已经被自己认同并内化为自己一部分的从加害者那里获得的人格特质，这是受害者从苦难中收获的唯一“财富”。受害者依托这些能让自己体验到力量感的特质，才能安抚自己不安的心：我已经跟加害我的人一样强大了，我以后不用害怕其他人来害我了。

若要求受害者否定并放弃通过向加害者认同得到的这些特质，那就意味着他们白白受了苦难，而且自己是没错的，是没有任何调整空间可以避免以后的苦难的。对于受害者来说，这将是灾难性的打击，所以这种认同是无法用三言两语就消除的。

不过，向加害者认同这种防御机制并不是百分之百会启动，被劫匪绑架的人质里，只有少数人，会由于被绑架、被虐待、被殴打而启动向加害者认同的防御机制。大多数人，无论潜意识还是意识层面，都能够把加害者放在敌对位置上。在被伤害时，是否启动向加害者认同的防御机制，关键在于被害者自身的自我认同[①]水平高低。自我认同水平高的人，能够清晰地确信自己是一个什么样的人，所以就算经历了这些事，也不会因此过多地改变自己。而自我认同水平不足的人，由于不了解、不确信自己是个什么样的人，所以往往易受外界影响而改变自己。

生活在早年环境中时，我们一般都处在自我认同水平不足的状态中。我们被养育者“霸凌”时，没有可以结盟的队友，更没有可以求援的压得住加害者的权威者，只有无穷无尽的来自养育者的伤害。于是，向加害者认同几乎是我们早年唯一的选择。

无论是暴力行为，还是低情绪价值的沟通习惯，这些让幼小

---

① 自我认同，即对“我是一个什么样的人”这个问题的思考和回答，详见后续第三部分中与“自恋”相关的内容。

的我们体验到过载无力感和挫败感的行为，都是加害行为，都会诱发我们向加害者认同的防御机制，并以加害者为参照标准，修改我们的思维、行为、情绪反应，把这些融入我们的人格中。

减少爱恨，放下对父母的拙劣模仿

无论是由于认同养育者导致的低情绪价值行为，还是由于认同加害者导致的低情绪价值行为，其实都是由于我们潜意识中对养育者过于浓烈的爱恨，束缚了我们的行为。

为了忠诚于养育者，所以身上必须保留养育者的痕迹，就算这种痕迹可能影响当下的人际关系也不愿改变，这是我们潜意识中对养育者过于浓烈的爱。为了对抗未能正确对待自己的养育者，把自己塑造成其不良一面的翻版，以备随时与其对抗，这是我们潜意识中对养育者过于浓烈的恨。

过于浓烈的爱恨，说得形象点，就仿佛你是把父母背在背上生活着的，爱恨就是把你们牢牢绑在一块的绳索。你并没有获得自主权，当你遇到现实问题时，在你准备处理之前，你“背上”的父母往往会直接“出手抓住你的手脚和嘴巴”，让你用他们的方式去处理问题，所以就算你很努力地尝试控制自己的行为，往往也会发现徒劳无功。

适当地把父母“背在背上”并不是一件坏事，毕竟我们每个人都需要有情感的根，才会有旺盛的生命活力和意义感，就像很多在异国他乡的留学生都会带方便面和辣椒酱一样，这种带有养育者气息和早年环境气息的饮食习惯，能够让我们在孤独或委屈时，心里有所慰藉。所以对父母爱恨交加的这种情感纽带，不需也不应该完全消除，只是我们需要把这种爱恨情感调整在可控范围内，以确保自己能做到相对独立，而不是成为父母的拙劣复制品。

放下对父母过于浓烈的爱，大部分爱都是为了相聚，父母的爱，大部分时候是鼓励我们离开他们，去创造只属于我们自己的独一无二的人生。

分离不是指现实层面的分离，而是指心理上的分离，是指我们不能过于依赖父母的经验，不能只追求做父母的一个附庸。爱父母，不应该让自己变成一个离开父母就很难自理的巨婴，而是应该自己去接触这个世界、了解这个世界、适应这个世界，要“写出”只属于自己的“人生自传”。春风得意是人生的一部分，困顿窘迫也是人生的一部分，从这些经历里去体会人生的意义，而不能不假思索地就把自己的人生过成了父母人生的“续篇”甚至是“外传”，把面对自己人生的责任推脱给父母承担。

放下对父母过于浓烈的恨，角色对调的话，我们不一定就能做得比他们更好。

我们对父母过于浓烈的恨，大都基于一点自我觉察：如果是我的话，我一定不会像我父母这样对待孩子。

问题是，我们在思考这种问题的时候，往往会脱离时代的局限性，没有考虑到物质基础对于一个人心理状态的影响。

我们有幸，生于和平年代。一代人有一代人的使命，我们不能一边享受着前面几代人创造出的物质生活，一边还嫌弃上一辈没给我们的原生家庭问题减负，这样的要求未免太高了。

我在提醒那些对伴侣有诸多不满的女孩子时，总会说一句话，“没有谁是完美的，对彼此宽容一点”，这句话用在对待父母、对待原生家庭上也一样。父母也不是完美的，所有父母其实都在学着做父母，我们不能仅仅由于他们比我们早几十年到这个并不完美的世界上，就对他们构建原生家庭环境的能力有完美的期望。

“没有谁是完美的，对彼此宽容点，别计较太多”，当你能够理解并接受这句话，你就能宽恕父母的过错，削弱心中的恨意，也就放下了部分过去，并把握住了未来的多种可能性。

感情Tips

主观体验or客观事实

我们探究原生家庭问题，是在探究一种主观体验，还是在探究曾经发生过的客观事实呢？答案是前者。

比如，一个过分敏感的孩子，跟正常得不能再正常的父母一块生活，但由于其太敏感，Ta感受到的所有情绪都会被放大。如果我们向Ta的父母以及亲戚了解其成长经历，那我们得到的可能会是一个无忧无虑的孩子幸福成长的故事。

可如果我们是向这个孩子了解，那我们得到的可能会是一个情绪经常被忽略、漠视，甚至会经常体验到被抛弃的孤独感的孩子痛苦成长的故事。

探究原生家庭问题不是破案，并不一定要还原事实，搞清楚孰是孰非。我们不需要了解客观世界发生了什么，我们只需要了解，曾经有过一些什么样的感受出现在这个人身上、这些感受被如何对待、它们当下是否依然有影响力、有何影响力等，这些才是我们需要研究的。感受，即真实。

第三部分

道理都懂却做不到，是因为你不懂你的潜意识

我们的潜意识拥有极强的适应能力，即使早年环境恶劣，它也能帮助我们适应环境。但同时，我们的潜意识更新效率极慢，我们离开恶劣环境可能十几年甚至几十年，它还是会固执地要求我们的认知、情绪、行为模式都按照一开始适应早年环境时形成的模式去运行，结果自然是现实中问题重重。

把情绪价值比作一栋楼的话，潜意识就是这栋楼地基之下的土质，有的人是“砂石”、有的人是“淤泥”，有的人是“硬土”。土质不同，情绪价值这栋楼存续的时间也各不相同。我们对待潜意识问题的正确态度，就是将潜意识意识化，把背地里控制我们的潜意识拉到意识层面，让我们看到它对我们施加的影响，并减少其中的负面影响。“净化”情绪价值的“土质”，让情绪价值更加稳固、长久。

第八章

感情观不现实，是因为未完成情结：不知道为什么，我总爱跟Ta抬杠？

小身觉得为了男朋友而改变自己是一件很难的事情，不是难在改变上，而是难在“为男朋友”上。

她总是有种感觉，一旦为了男朋友而改变自己，就说明男朋友爱的并不是原本真实的自己，她瞬间会产生很多负面情绪，不愿继续跟男朋友交往。

她知道感情是需要磨合、需要互相迁就的，所以平常也会主动替男朋友考虑很多，还会主动做一些改变去迁就男朋友。可要是男朋友明确提出了对她的不满，她就会誓死不改，必须跟男朋友杠上，似乎需要以此来检验男朋友对自己的爱、他是否有被自己爱的资格。

小身也知道，不允许男朋友指出自己需要改变的地方是不对的，但她实在改变不了自己这点，她也很困惑：为什么我总爱跟他抬杠？

让你深陷重复模式的未完成情结

感情中对伴侣有不合理的要求，往往是由于内心有未完成情结。未完成情结，又称未完成愿望，指一个人因没有完成某件事情，而在意识和无意识中追求补偿的意向。

用通俗的话来说，我们每个人都会给自己的人生预设剧本，并且期望外部世界按照自己的剧本去运作，比如希望自己学习优秀（成为“学霸”的故事）、颜值高或身体健壮（校花/“校草”被追捧、崇拜的故事）、父母疼爱（和谐模范家庭的故事）、亲戚朋友羡慕（别人家孩子的故事）、人人关心（主角集宠爱于一身的故事）等。

可现实中，老天爷这个“导演”实在是不给我们这些“主演”面子，基本不会按照我们预设的剧本去推进人生，甚至会故意给我们安排很多相反的剧情，如做个被吊打十几年的学渣、跟暗恋三年默默守护的“男神”/“女神”表白结果被拒、爹不疼娘不爱、成为亲戚口中教育孩子的反面典型、持续感受到世界满满的恶意等，让我们体验到了各种人际关系冲突带来的糟糕感觉。

如案例中的小身，她的早年经历中就有许多“爹不疼娘不爱”的剧情。小身的父母信奉挫折教育，会刻意给小身增加很多超出她年龄的要求作为磨炼。从五岁开始，父母就要求小身背唐诗，一星期一首，背完唐诗开始背宋词，两星期一首。从五岁背到十五岁，小身只要背不下来，就得被骂或被打。父母不仅在背诗词方面对她有要求，在她生活作息、仪容仪表、日常礼仪、爱好特长、娱乐方式、家务参与、学习等各个方面，父母都给她制订了严格的规定。小身在外人眼里总是“别人家孩子”的标杆，但事实上只有她自己知道，这些表面的优秀都是在父母严格规定下过度透支自己的结果，因此她的身体一向很差。也只有在生病的时候，父母才适当放松对她的要求。

我们大部分人接收到现实越来越多的负面反馈后，就会慢慢认命，逐渐认清自己并不是上天的宠儿，不是宇宙的中心，于是会把预设剧本一点一点修改成“健康平安过一生、有儿女、有朋友、有事业、有爱好”这种可控性较高的剧本。

但是，有少部分人就没这么幸运了，他们的现实剧情给他们带来的落差感太大了，那个年龄段的人难以自行消化这种落差感，无法消化掉的关系冲突带来的那些糟糕感受，就会变成潜意识中的未完成情结。潜意识就把这笔账记下了，这辈子誓死要跟老天爷“死磕”，早晚要把这出戏重拍无数遍，而且还要一直改变结局，期望用无数的积极体验覆盖旧的消极体验。

拍戏得有布景和演员，于是某些特定的场景、特定的关系状态、特定的人、特定的言行便会成为触发剧情的按钮。一旦触发这些按钮，你就会进入某段在你人生中曾经上演过但结局却不如你愿的特定剧情，然后期待参与演出的其他人，比如你的伴侣，能够把故事演绎出不同的剧情走向，得到你想要的结局。可当下的积极情绪覆盖不了过往的消极情绪，因此这段剧情只会一遍又一遍地在你的生活中被触发并上演，也就成了强迫性重复的未完成情结。

案例中的小身之所以会经常跟男朋友发生冲突，就是由于男朋友提出不满的这个行为，触发了“父母过度限制小身”的剧情，于是小身便会立马扮演“被父母过度限制的幼小的自己”，然后跟男朋友（象征意义上的父母）抗争到底，以求得到跟小时候不同的结局。

而且由于未完成情结大都以人际冲突为故事背景，所以有些有未完成情结的人还会经常不自觉地在关系中制造冲突，以还原剧情背景，主动触发剧情，给关系增加很多自己都觉得莫名其妙的矛盾。

常见的三种未完成情结：拯救母亲情结、改造父亲情结、被无条件接纳情结

亲密关系中最常见的三类未完成情结，分别有拯救母亲情结、改造父亲情结和被无条件接纳情结。

拯救母亲情结

有拯救母亲情结的人，童年大都会有一个哀怨、孤独的母亲和一个不着家的父亲。孩子看着痛苦的母亲，期望拯救她，于是会变得格外孝顺听话。可母亲是由于缺少丈夫的爱才痛苦，孩子的努力并不能让母亲摆脱孤独感和哀怨，于是挫败感、孤独感、不被爱感让孩子有了未完成情结——拯救孤独、哀怨的母亲。

这样的孩子在以后的亲密关系中，一旦体验到未能如愿的挫败感、愧疚感、不被关注与关心的孤独感和不被爱感，便很容易触发未完成情结，化身为早年的母亲，进入跟Ta母亲近似的沉重且

深不见底的哀伤、幽怨状态中，引导伴侣付出更多陪伴和耐心。

改造父亲情结

有改造父亲情结的人，童年大都会有一个满是陋习或人品有问题的父亲，比如父亲出轨、赌博或家暴。这样的父亲一进家门，家庭氛围立马变得压抑，令人焦虑。孩子会通过讨好、讲道理、叛逆等方式，期望把父亲改造成理想中的合格的、爱自己的父亲，但孩子能做的有限，付出的努力往往效果平平。于是挫败感、无力感、愤怒和不被爱感让孩子有了未完成情结——改造不合格的父亲。

这样的孩子长大后往往会牺牲自己的亲密关系，以找到未完成情结的剧情起始点，比如找个渣男做男朋友（象征性的父亲），然后无论他怎么伤害自己，都不离不弃地付出爱和财物去感化他。就算是“不幸”找了个正常伴侣的话，这类人也会通过频繁吵架，迫使伴侣出现一些不理智的错误行为，接着顺利触发剧情，这样他们就又可以通过努力付出，把对方改造回原先的样子。

被无条件接纳情结

有被无条件接纳情结的人，童年环境大都比较严苛、刻板，养育者会严厉地要求孩子按照成年人的标准行事。孩子不从，则会有打骂和抛弃威胁这两类后果。孩子会通过顺从、对抗、发泄情绪等方式，期望父母降低对自己的要求、接纳真实的自己。但严厉的父母往往会以“这都是为了你好”为由拒不放松要求，于是委屈、无力感、不被爱感让孩子有了未完成情结——被父母无条件接纳。

这样的孩子在以后的亲密关系中往往会比较任性，只要被指出问题或伴侣对Ta不满，便会触发不被接纳的未完成情结。于是Ta不仅对问题坚决不改，甚至可能故意变本加厉，努力从伴侣这里索取父母未曾给予的无条件接纳。

我们的潜意识是一个比较随意的“导演”，它不要求“演员”是原班人马，甚至“主角”和“反派”的角色都可以对调，这就导致作为当事人的你可能都不知道自己进入了未完成情结的剧情中的哪个角色，却依然在忠实地按照预设剧本演出，并破坏关系。

在拯救母亲的未完成情结里，你有可能扮演的不是哀怨、缺爱的母亲，而是经常缺席的父亲，并诱使你的伴侣进入你母亲那种哀怨、缺爱的状态中。你潜意识期望伴侣能够做出跟当年母亲不同的举措以象征性拯救母亲，但往往这种不同的举措就意味着关系结束。结果就是你救赎了你心中的母亲，却葬送了现实中的关系。而你的感受也会很奇特，既有关系结束的伤心，也有莫名的畅快和轻松。

其他未完成情结也一样，改造不合格父亲的未完成情结里，当你遇到真心想珍惜的人，反而可能会性情大变，成了一个沾染陋习且道德低下的人，诱使你的伴侣攻击你、控制你或离开你，以象征性地改变未完成情结的结局。

被无条件接纳的未完成情结里，你有可能扮演严苛的父母角色，对你的伴侣百般刁难，诱使伴侣反抗你的控制，甚至离开你。

角色对调的未完成情结呈现方式是带着悲情浪漫色彩的，其潜台词是：我曾经没能做到的事情，如果由我最爱的你替我做到，那也是一样的。

有点像某些电影里的剧情，反派曾经是好人，但后来被迫变成了坏人，并由于愧疚而时不时质疑当初是否有其他方法可以坚持做好人。直到遇到了主角，从主角身上看到曾经善良的自己和走向不同结局的可能性，于是反派扮演了过去自己遇到过但屈服了的老反派，设置了当初自己遇到的困境，最终在主角打败自己时释然：谢谢你替我打败了我当初没能打败的敌人，帮我完成了我的剧本。

这种电影剧情之所以总能引起观众共鸣，原因就在于其吻合我们未完成情结的潜意识愿望：重现早年冲突，但结局改变。

替小时候的自己写一封哀悼信

要让未完成情结不再干涉当下，通过一遍遍的强迫性重复是没用的，情绪无法覆盖情绪，也无法抵消情绪。我们需要做的，是从两方面处理未完成情结：哀悼和经验教训总结。

①哀悼

未完成情结是一种钝刀割肉的创伤体验，早年经历中反复寻求被爱却反复失败的经历，会积蓄大量被压抑的无力感和哀伤，诱使当下的人一有机会就重复过去的剧情，以期望体验新的感受，摆脱这些消极的感受。但感受并非数学公式，正面情绪无法消除负面情绪，未被表达的那些情绪，只要你不去揭开、不去触碰，它们就永远在那里。

未完成情结的形成，意味着丧失，或者是丧失了曾经爱自己的父母，或者是丧失了自己曾经对父母抱有的期望，这种丧失感跟现实中有亲人离世带来的丧失感是一样的。

面对丧失，我们有两个选择：一是紧紧抱着失去的东西不放，二是跟失去的过往道别。选择抱住不放的人，就像由于亲人离世而整日睹物思人、茶不思饭不想的人一样，把过去的痛苦延伸到了当下，也就出现了强迫性重复。而选择道别的人，他们在痛哭后告别逝去的亲人，带着亲人的遗愿和期望开始新的生活。这样就能冲破哀伤，获得成长和继续向前的力量。

有未完成情结的人，需要学会的就是上面这种对于丧失的“痛哭”——哀悼。一般我会建议有未完成情结的人，替小时候的自己写一封哀悼信，表达自己当时未曾言说的诸多复杂情绪。

例如：十五岁的我写给母亲的一封哀悼信（被无条件接纳的未完成情结）

妈妈，尽管感受上我并不是很愿意这样称呼你，但我还是只能叫你妈妈。我其实并不是很能理解，我对你来说到底意味着什么，意味着你人生的败笔吗？为什么从你的眼里，我总是只能看到失望？为什么我已经用尽全力在讨好你了，却依然达不到你的要求？为什么你的注意力总是放在那些优秀的孩子身上，而不是关注你亲生的我呢？你对我的期望太高了，就算我拼了命努力，也达不到你的标准。而你对我能做得好的那些事情，也不屑一顾。仿佛我生下来，从头到尾就是错误的，我必须殚精竭虑地改造自己，一刻都不能停下来，才有希望得到你那一点点的爱和认同。我累了，我知道跟你说累的话，你会生气，但我真的累了。这么多年，我从你这里听到最多的是“你还不够努力”，从来没有听到你说哪怕一句“没事，搞砸了还有我帮你撑腰”。我的背后没有靠山，所以我只能拼命往前跑，可是，这种生活真的不是我想要的。我太累了，感觉手脚都没力气了，就先这样吧。

写哀悼信的目的，是把未宣泄的情绪宣泄出来，所以不需要拘泥于对象、形式和逻辑性，只需要把自己想说的话，或有情绪时脑中出现的话，一股脑儿写出来即可。判断一封哀悼信是否合格的标准，就看你写完有没有一种无力、悲哀的感受。有的话，就说明这封信是合格的，能帮助你宣泄部分未完成情结中的情绪。如果没有这种感受的话，那你就需要先回忆早年那些不如意的经历，酝酿情绪再写。

写完哀悼信，你可以保存起来，也可以烧给童年的你，还可以假装自己是收信人，并给“自己”写一封回信，让作为成年人的自己用正确的方式去抚慰早年脆弱、幼小的自己。一般越是复杂的情绪，越难以通过一次哀悼就完成，所以在哀悼这件事上需要耐心，不要期望一次就搞定未完成情结压抑的情绪。

②经验教训总结

未完成情结之所以能影响当下，除了感受上有些情绪未被表达，还有就是理性上并没能从中总结出具备指导价值的经验教训。

人类是追寻因果关系的生物，如果一件糟糕的事情发生了，而我们未能梳理出其因果关系，也未从中汲取到能指导当下生活的经验教训，那我们就会由于过度担心以后依然无法应对类似挑战而惴惴不安，注意力便会不由自主地在过去的这些事情上打转，以深刻地记住这些事情，以免之后遇到类似挑战时，自己没有及时躲开。比如，你出门的时候，跑来四个大汉莫名其妙地把你打了一顿。你躺在病床上，一定会惴惴不安地反复琢磨“他们为什么打我”，琢磨不出个所以然的话，这件事就会一直压在心头，有时出门会琢磨，有时睡前会琢磨，总之在你总结出有效经验之前，这件事很难被遗忘。

所以，要摆脱未完成情结，我们还需要从理性上找到问题的具体解决方案，并从中总结出有效的经验教训，才有办法把事件安心“打包”后封存进记忆中。

总结经验教训的思路，有点类似那些以“主人公穿越回过去”为主题的电影。这类电影的主人公，往往在人生几个重要节点做出了错误的选择，导致随后几十年的人生过得越来越糟糕，时光倒流后，便会在重要的人生节点做出跟之前不同的选择。

我们的未完成情结，本质上也是一个千方百计努力后还是失败的故事，所以要想总结出有效的经验教训，我们就需要在想象中回到过去，看看假如是现在的自己回去的话，面对过去的那些挑战，有没有更好的选择。

我们以小身为例，她有一个“爹不疼娘不爱”的故事，导致她产生了“被无条件接纳”的未完成情结。她当时面对的挑战，就是父母对她要求过高、过于严格，接着我们按如下表格进行分析。

当时面对的问题	父母要求过高、过于严格
当时选择的方式	顺从
可以有的不同选择	假装生病，让父母降低对我的预期
当时为什么没选择这样做	当时认为骗人是不对的，同时担心吓到父母
经验教训	①不用太刻板，为了自己的健康和安全，撒谎是可以接受的 ②别人如果没有考虑我的感受，就先不考虑对方的感受，保护自己重要
对当下的指导价值	①对自己和他人在道德上的要求不能太高、太刻板 ②对一个人有过高的要求，容易导致对方撒谎 ③同事 × × 总是“卖惨”让我帮忙，她没有考虑我的感受，后续我也要避免被她道德绑架 ④别人对我有过高要求的话，要想办法降低对方的预期，而不是过于苛刻自己

第九章

自我中心，是因为自恋：为什么所有人都要跟我作对？

小正是一个女强人，独自管理一家二十多人的公司，但是她并不觉得这是一个了不起的成就。她觉得公司规模太小了，所以总是对外称这只是她集团下的一个子公司，整个集团有五家公司，分布在“北上广杭深”。

开公司让小正觉得最烦躁的一件事，就是很多人都会跟她作对。

客户总是刁难她，提各种很难实现的诉求，说好明天签约结果却反悔，签了约的没过两天就要解除合同。总有员工忘记她反复强调的公司制度，总有员工不听她的指挥，员工的能力总是达不到她的要求，可又招不到更好的员工。

最近她发现男朋友也开始跟她作对，一方面是嫌小正投入了太多时间在工作上，男朋友认为没必要为了工作牺牲生活。但小正认为男朋友还不如她一个女生有事业心，应该是男朋友去检讨。另一方面小正总跟身边的人吹牛，说男朋友是副局级干部，男朋友的父母有北京户口等，可这些都是假的。男朋友让她别总是撒谎，但小正认为是男朋友幼稚，不懂商业运作的套路。

结果小正的男朋友不听她这些成功经验和大道理，直接跟她提了分手。小正特别生气：“为什么所有人都要跟我作对？”

自我中心是自恋发育固着

自我中心，从心理动力的角度看，是全能自恋发育固着导致的病理性自恋。

精神分析认为，婴儿早年会处于一种自认为自己是世界中心的状态，认为世界上的一切都跟自己的行为或感受有联系，这种状态就叫全能自恋状态。比如，认为是自己的哭声召唤出了给自己提供奶水的乳房，认为是自己的笑召唤出了包裹着自己的温暖怀抱，认为是自己的愤怒和挣扎控制着那个束缚着自己的“工具”把自己放回床上。他们的心思只会本能地放在一件事情上：如何有效地操控世界让自己觉得舒服。

可随着婴儿长大，一方面Ta会发现外部世界经常“失控”，不愿服从自己的感受和行为驱使，另一方面客体恒常性的认知升级，让Ta意识到，无论自己哭不哭，提供奶水的妈妈都是存在的。发现外物并非因自己而存在并受自己控制，婴儿的全能自恋便会受挫，此时Ta体验到了恐惧和焦虑。

此时，照料者的不同反馈，会导致婴儿对世界和他人的认知有截然不同的发展方向，婴儿认知逐渐贴近现实的，就是全能自恋成功向健康自恋发育的人。他们会变得自信、有同理心且灵活，容易和他人相处。而认知越来越偏离现实的婴儿，则是全能自恋固着的病理性自恋者，自我中心、易情绪化且刻板，情绪价值极低，很难与他人相处。

健康自恋者的养育者是怎么帮助婴儿从全能自恋发展为健康

自恋的呢？

他们会在婴儿有挫败感后，通过及时回应和共情安抚，缓和婴儿的挫败感。比如婴儿撞到床沿后，发现无论怎么做都很痛、很难受，Ta就会通过哭来发泄无力感和恐惧。此时如果妈妈马上过来，然后抱起婴儿，帮Ta揉揉撞到的地方，再拍拍Ta的背，安抚Ta的情绪，婴儿会发现，原来糟糕感受是能通过被妈妈照料而消解的，而且妈妈是能很快出现的。那婴儿下次再撞到床沿时，Ta体验到的无力感和恐惧感就会减弱许多。

几乎每一个自恋程度足够健康的成年人，都是在这样的环境中长大的。有挫折，但也有养育者的及时安抚和照料，所以在成长过程中他们有勇气直面失控的外界，不断尝试和学习如何用正确的方式“控制”人、事、物，再在一次次成功和失败“控制”外界的过程中，建立起对人、事、物的客观认知，以及对自己的客观认知。

那病理性自恋者的养育者是怎样阻碍孩子的全能自恋健康发展的呢？这种情况分两类，一类是养育者忽视孩子受挫后的情感需求；另一类是养育者过度保护孩子，压抑孩子独立能力的发展。

比如婴儿撞到床沿后，无论Ta怎么哭，妈妈都不出现，或者妈妈出现后不仅不安抚他，反而带着愤怒情绪训斥他，这就是忽视婴儿受挫后情感需求的养育方式。婴儿会发现，糟糕感受是一个很可怕的东西，出现了就很难消失，而且一种糟糕感受还会引发更多糟糕感受出现。那以后再遇到失控的挫折，婴儿就很容易持续处于自恋性暴怒的状态中，表现出对外界和对身边人极强的恨意和愤怒，妄想通过毁灭外界的人、事、物，消除自己不舒服的感受。

这样的孩子长大后，对挫折会极度敏感。遇到可能失控的情况，他们往往会把责任丢给别人，让别人代劳。无人可利用时，他们要么会主动寻求失败结果，要么会通过酗酒等自我麻醉的方式让时间给出一个结果。他们遭遇挫折了，则会仇恨他人、仇恨社会，而少有从自身找问题并加以改正。因此，这类人对自己的看法是极不客观的，在这类人的认知里，会执拗地认为自己就是天选之子，只是外界的人故意使坏，自己才那么不幸。

小正的家庭就是这样的情况。小正妈妈在生完小正后就发现小正爸爸出轨了，他们经常吵架。在小正妈妈的整个哺乳期，双方都处于冷战状态。小正妈妈不想让自己父母担心，所以没有跟父母说这件事。帮小正妈妈带小正的是小正的奶奶，小正妈妈自然也不好去跟她说这些事。小正妈妈的这些心事和情绪都压在自己心里，导致她越来越情绪化，经常喜怒无常，莫名其妙地就会训斥小正，训斥完又会立马哭着向小正道歉。这种情绪状态，让小正的早年环境中充满了各种不可控的可怕情绪。因此小正对身边人的态度总是带着恨意和愤怒，这是对早年情绪化养育者的恨意。

养育者过度保护导致病理性自恋则是这样的，比如婴儿走到床沿边，还没有撞到床沿，父母立马跑过去把Ta抱回床上。这种父母由于时刻担心孩子受挫而给予孩子过度保护的方式，就是过度保护的养育方式。采取这种养育方式，孩子不会像被忽视情感需求的孩子那样，看到一个恐怖和充满敌意的世界，但他们会看到一个被过分简化的世界。由于被养育者过度的迁就和保护，他们会根据自身家庭经历，总结出很多简单粗暴的规律，比如只要我不开心别人就会听我的、我得不到的别人也不应该得到、最好的东西应该先给我等。当他们拿这些规律去其他关系中实践，比如跟幼儿园的小朋友相处时，他们会发现有的人会按照这些规则对待自己，有的人不会按照这些规则对待自己，于是他们今后建立关系努力的方向，就变成了筛选出会按照这个规则“正确”对待自己的人，或者是改造别人，让别人按照这些规则对待自己。而不是像健康自恋者那样，会通过他人的反馈，改造自己的认知，进而理解世界和人的复杂性。

这样的孩子，由于经历里被他人按照自己理解的规律“正确”对待的成功经验丰富，他们对于自己总结的简单规律的真理性是十分自信的，主见不强的人很容易被他们改造为会按照他们的期望去对待他们的人。同时，父母过度保护的背后，是对脆弱自我的投射。也就是父母之所以过度保护孩子，是由于父母本身过于脆弱，所以理所当然地认为孩子也跟自己一样脆弱。有脆弱自我的父母，往往就会有一个不独立的孩子。因为孩子独立，意味着孩子可能离开父母，这是脆弱的父母潜意识无法承受的打击。迎合父母潜意识期望的孩子，不会去发展自己独立的能力，反而会发展依赖或说“寄生”他人的能力。

因此，被过度保护的孩子，比起自己独立，他们往往更擅长通过控制他人，逼他人独立，好让自己依赖。父母传承下来的心理动力，导致他们更倾向于运用自己总结的刻板规律控制他人为自己付出，而非尊重他人并建立平等的关系。

无论是受挫后的情感诉求被忽视，还是被过度保护，病理性自恋的人，都会对这个世界存在不切实际的幻想，且要求身边的人按照其愿望行事，对这个世界存在理想化的想象。而这个世界往往是很残酷的，它从来不会迁就任何一个人的意愿，不过也不会刻意针对某一个人。但病理性自恋的人却会由于世界和他人不受其控制，总会觉得身边的人和这个世界都在故意跟他们过不去。

理想化是自恋者操控他人的工具

“理想化”这个词，我们平常会用来形容那些对现实有过高期待的人，而在精神分析中，它是指一种自骗性防御机制①，指人为了防御现实问题带给自己的挫败感，对他人进行抽象美化，再通过跟这个人建立起模糊界限的关系以自我认可，从而缓解内在自我否定带来的压力。

像小时候跟小伙伴比成绩比不过时，我们就会开始比父母的

① 防御机制分为五类：自骗性、逃避性、攻击性、代替性、建设性。防御机制是为了防御无法承受的负面情绪而存在。自骗性防御机制，在防御情绪的同时，还会导致个体自欺欺人，看不清现实，因此是一种消极的防御。

工作收入，这就是个启用理想化防御的过程。成绩比小伙伴差，这是一个会带来挫败感且暂时无法改变的现实问题，会让我们觉得自己不如别人。这种感觉就是挫败感，于是我们会把跟自己关系亲密的父母进行理想化，以超越对方的父母，从而缓解这种挫败感。潜台词就是“我虽然不如你，但我有个比你厉害的爸爸/妈妈”，于是自己就舒服了。

如上例，小正之所以总是对男朋友有过高的期望，就是由于理想化的防御机制。小正觉得自己皮肤差、身材差、声音难听、脾气大，会经常由于自身条件不够完美而有挫败感，并因此觉得别人不重视自己，所以经常闷闷不乐。

跟男朋友谈恋爱后，她就经常通过各种经过加工的故事，跟身边的人吹嘘自己的男朋友。男朋友是私企派驻到国家机关的，小正就跟身边人说男朋友是公务员，而且是副局级；男朋友的父母在北京租房打工，小正就跟身边人说男朋友父母定居北京，还有北京户口；男朋友出差坐飞机，顺便从机场给小正买了瓶香水，小正就跟身边的人说男朋友公费进修，回来时顺便给她带了外国的香水。只有在身边人对她的附和跟羡慕嫉妒声中，她才能稍稍缓解对“现实存在不如意”的挫败感。

本来这事跟小正男朋友没什么关系，但小正在别人面前一遍又一遍地理想化男朋友后，再看到真实的男朋友，她的注意力就总会放在男朋友表现得不够理想的地方，进而产生“男朋友不应该是现实中这个样子，要是找个真跟我说的一样的男朋友该有多好”的想法。于是时间长了，小正对男朋友的期望越来越高，要求也越来越多。但凡男朋友没有达到她的期望，她就会有股恨铁不成钢的愤怒，觉得自己已经降低标准跟他在一起了，可他丝毫不懂得感恩。

她这股恨铁不成钢的情绪是如此强烈且真实，以至于她几乎不会质疑自己的高要求是否合理。反而是身边的人，包括她男朋友，都会被她的这股强烈的情绪所裹挟，为了缓和她的情绪而被迫受她操控。

习惯用理想化防御机制缓解挫败感的人，是把解决自己问题的责任，转嫁到了伴侣身上。外界的认可和自己的自欺欺人，对于缓解挫败感只能起一时的作用，而且外界的认可也是不稳定、不可控的，所以期望外部力量来解决自己的内部问题，自然是缘木求鱼，总是会失败。

防御机制是我们缓解内心冲突、保持状态稳定的必备本能。但过于原始的防御机制，往往会让我们扭曲对外界的认知。尽管理想化的防御机制确实能够防御我们的挫败感，但理想化投射失败后，我们会由于被迫直面自己生活的不如意，而攻击被理想化的人，导致人际关系紧张。

比如，上例中的男朋友，他没能按小正想象中那样时时关注她、事事重视她，小正就会愤懑地责怪男朋友不够体贴；比如，现实中我们会认为，比我们有权势、有知识的人应该承担更多社会责任，解决更多问题，如果他们做得不够好，便会有很多人群起而攻之；比如，很多追星的粉丝，由于偶像没按自己的期望行事而转变成痛恨偶像的“黑粉”。

习惯用理想化防御挫败感的人，久了会变得愤世嫉俗，对身边的所有人、事、物都不满意，觉得自己现实中的不如意都是别人的错，但自己又无力改变，负能量满满。

接纳“我是一个什么样的人”

要减轻病理性自恋的水平、削弱理想化这个原始防御机制对感情的影响，需要回到这个防御机制的逻辑起点——防御内心的挫败感。所谓“防御”，就是一个人无法承受、面对挫败感，所以拿来挡在自己和挫败感之间的机制。因此，解决思路自然就是让这个人拥有面对挫败感的积极防御手段——提高自我认同水平。

自我认同，指个体反思自身经历产生的对“我”这个概念的理解，是对“我是一个什么样的人”这个问题的认知和接纳。自我认同不是自我认可，不是让你努力地夸自己，而是要让你认识并接纳客观真实的自己。只要你清晰地了解自己的优势和劣势，并已经尽你所能地改造了你自己，形成了相对稳固的自我概念，那外界的负面评价以及挫败感对你的影响力就会大大降低。自我认同就像植物的根，自我认同水平越高，你的根就扎得越深。自然，外界的雨打风吹对你的影响力也就越小。

自我认同水平的提高，分为三个步骤：认识自己、理解自己、接纳自己。

①认识自己，定义“我”是一个什么样的人

A.对我来说，有哪些经历是最重要的？这些经历对我有什么启发和意义？

B.我有哪些优点？依据是什么？

C.我有哪些缺点？依据是什么？

D.我喜欢什么，不喜欢什么？

E.我擅长什么，不擅长什么？

F.我的偶像是谁？Ta对我有什么影响？

G.我此生想献身什么事业？

H.我希望我的诞生对这个世界来说意味着什么？

例：

A.对我来说，最重要的经历之一是初中时练习长跑，我用一年时间从一跑就吐练到可以轻松地跑完800米。这件事对我的意义在于让我意识到只要坚持和努力，人是可以改变自己的，甚至劣势也可能变成优势。

B.我的优点是乐观，就算情况很糟糕，还是能看到积极的地方，所以总是团队里心态最好的人。

C.缺点是容易焦虑，事情不按预期发展时就有点烦躁。

D.我喜欢睡觉、看小说、做饭，不喜欢运动、声乐。

E.擅长文字输出，不擅长口头表达和镜头表达。

F.我的偶像是张桂梅，她让我意识到，我更应该沉下心去，踏实做事，保护、帮助比自己弱小的人，而不是追逐虚无浮夸的外界认可和掌声。

G.我此生想献身于中国的心理情感行业，让这个行业更有社会价值，让中国的女性用更正确的方式对待感情。

H.希望我的诞生能够让这个世界更加和平。

这些问题没有标准答案，而且答案可能会随着时间而改变，但只要你开始思考了，你就开始建立自我认同了。思考得越多，你的自我认同水平就会越高。

②加深认识，理解自己，觉察当下的行为、思维、情绪和“我”之间的关联

例：

我当下的行为，跟前面的那些答案有什么关联？

答：现在我在看《精神分析案例解析》，因为我想一直从事心理情感行业，所以需要学习更多知识，才能研究出更符合当下群众需求的咨询方式。

我们给“自我”下的定义，必须跟现实的自己相符合，所以需要通过分析当下的行为、思维、情绪和前面定义的关联，加深和调整对自己的理解。

③接纳自己，客观辩证地看待自己

A.前面的那些优点有什么坏处？

B.前面的那些缺点有什么好处？

C.前面哪些对自己的定义其实跟当下不符合？为什么不符合？我是要修改定义还是修改当下的自己？

例：

优点是乐观，坏处是容易轻信他人，容易由于预期过高而失望。

缺点是易焦虑，好处是能及时感受到周围情况变化，并最快做出调整。

不符合：我对钻研学术和研究复杂概念的兴趣不大，对市场化运营也有点排斥，所以可能很难做到自己期望的从宏观上让心理情感行业变得更具社会价值。我要修改当下的自己，要更有耐心地钻研学术，接纳并适应市场对这个行业的改造。

我们对事物的认知，会本能地区分出好坏，但这只是一种原始的感性认识。客观现实是，好中必定有坏，坏中必定有好。只有看到了好的一面和坏的一面，将“优点”和“缺点”都转变成“特点”，统一了对立的内在自我评价，我们才算站在客观的角度评价、认识自己，也才能构建出稳固的自我。而及时调整对自己的定义或当下的行为，则能够让我们越来越了解自己，并使自己越来越知行合一，以行动作为自我认同的支撑。

提升自我认同水平是构建真实自我的必经之路，有真实自我的人清楚地了解并接纳自己是一个什么样的人。这种自我认知和自我认同，就能够成为缓解内外负面评价冲击力的避震器，最终达到庄子所说的“举世而誉之而不加劝，举世而非之而不加沮”的“定乎内外之分”的境界，就能够在面对别人或自己内心的否定时，做到“有则改之，无则加勉”。

了解了自己，就能够以更从容的态度客观地了解这个世界的规律，再顺应规律去行动，自己的生活才会更可控。

第十章

非黑即白的认知分裂，源于内在分裂的防御机制：到底是Ta有问题，还是我有问题？

小而说，谈恋爱的感觉，就跟坐过山车一样。她有时会觉得，自己男朋友是这个世界上最好的伴侣，比她父母对她还要好得多。但有时，她又会觉得他是这个世界上最恶心、最狠毒的人，跟他在一起之后，她饱尝了人生中未曾体验过的痛苦和心酸。她太痛苦的时候，就会跟男朋友提分手。但分手后没几天，她又忍不住找对方复合。来来回回折腾了五六次，她不知道到底是男朋友有问题，还是自己有问题。

分裂与投射，让内心冲突变成现实矛盾

对伴侣的感受爱恨交织的人，大多是由于有分裂的防御机制。

分裂，指将某些客体看成是百分之百“好的”，而将某些客体看成是百分之百“坏的”，用以回避一个客体事实上既好又坏带来的自己不确定能否信任、依赖对方的焦虑感。这也是一种自骗性防御机制。

有分裂防御机制的人，只能同时存在一种情感，所以对这个世界的认知往往会比较简单、偏执。看些负面的社会新闻，就认定世界黑暗、无可救药，你跟Ta讲再多唯物辩证法都没用。过几天Ta看些温馨治愈的纪录片，又会认定这个世界一定会越来越好，面前有再多现实问题Ta都视若无睹。他们会很轻易地认定一个观点，无论如何辩驳他们都不会接受，可一旦他们的感受变化了，他们的观点又会立马倒戈，且依然坚定不移。

这类人是营销者最喜欢的观众，只要抓住他们的感受，他们就会成为自己产品的忠实客户，甚至还会自发推销给其他人。

同理，这类人对伴侣的看法取决于自身感受。感觉舒服，那就爱对方爱到骨子里，就算身边人全都认为那个人是人渣Ta也爱，摆事实、讲道理都没用。而如果Ta感觉不舒服，就算只是做了个梦，梦见对方出轨，导致自己醒来特别焦虑、恐惧，Ta也会恨对方恨到骨子里，想起对方都会咬牙切齿，谁说多少好话都没用。所以这类人也是擅长情绪操控的人最喜欢的目标，只要抓住了他们的感受，就可以对他们为所欲为。

习惯用分裂防御机制的人，是无法承受、消化、整合对立情感的人，于是关系往往会成为他们内心情感冲突的牺牲品。面对内心冲突时，他们会急切地希望冲突消失，而他们认为最便捷的办法，就是把内心的冲突变成现实中的矛盾，把冲突的内心情感投射到对方身上，让对方来解决。

比如，过度自恋的人，无法面对自己其实既好又坏的事实，为了让所有好的感受、品德、评价都归于自己，就必须通过分裂的防御机制，把坏的感受、品行、批评都投射到他人身上。即：我本来心情好好的（我感受是好的），是因为你整个人充满负能量，我才这么不开心；发朋友圈骂你不是因为我没道德（我道德上是好的），而是因为你没素质，所以我要公开批判你；冲你发脾气不是因为我没涵养（我个人评价上是好的），是因为你这个人太让人生气。

自然，这种人的伴侣会经常觉得委屈，自己成了对方人生中诸多不幸的“替罪羊”。

再举个例子。一个自卑的人，Ta当下的感情状况没什么问题，但Ta担心伴侣未来会抛弃自己，内心感到焦虑，却又无法整合这种冲突。于是Ta会把冲突投射到对方身上，把“我不相信我自己（的吸引力）”这个内心冲突，变成亲密关系中的“我不相信你（爱我）”。如果伴侣不认同Ta的这个投射，那么就需要花很多时间、精力和耐心去解释，自证清白，从而缓解Ta的焦虑。这类人的伴侣需要承担很多替他们消化内心冲突的责任。如果伴侣没有能力或不愿处理这些内心冲突，便会通过认同投射过来的内容的方式，减少自己的负担。结果就是双方“合作”，形成了投射性认同，伴侣真的会越来越觉得这个人没有吸引力，并产生分手的想法。

投射具有很强的暗示性，如果伴侣的自我认同水平不高，对于自己是一个什么样的人并不十分确信，就算有能力帮Ta解决内心冲突，也会很容易被诱发产生投射性认同，被Ta“洗脑”得认为自己确实是一个缺乏定力和自制力的人，进而开始把注意力放到其他异性身上。

早年的对立情感会被内化成内心冲突

分裂是一个原始的防御机制。处于全能自恋状态中的婴儿，由于自我功能还不具备整合冲突的能力，无法整合妈妈既好又坏带来的情感冲突，于是需要通过分裂这个防御机制来减轻自己的心理负担，一旦把妈妈分裂为对自己百依百顺的“好妈妈”和对自己的需求置若罔闻的“坏妈妈”，婴儿就可以心无挂碍地依赖“好妈妈”，同时毫无愧疚感和恐惧感地攻击、伤害“坏妈妈”。

婴儿无法自己满足自身需求，只能依赖妈妈，同时他们缺乏整合对立情感的自我功能，所以才需要如此费尽心思地将妈妈分裂成两个，从而避免内心的情感冲突。随着自我功能的完善、各种现实能力的发展和接触的人越来越多，我们大部分人都会锻炼出承受并整合内心情感冲突的能力。可要是一个人从小到大所处的环境都有超出其当前整合能力的对立情感冲突，那Ta的整合能力就很难得到锻炼。相反地，划分黑白搞对立的能力反倒会得到很好的强化。

比如小而，伴随她成长的，是停不下来的争吵。在她爸爸妈妈结婚前，由于两人吵架太频繁，本来已经准备分手了。结果这时候小而妈妈怀孕了，于是双方在父母的撮合下步入了婚姻。但是，吵架并没有停止，他们举行结婚仪式时吵、领证时吵、摆酒时吵、待产时吵、产后吵、坐月子时吵……一纸婚书把两个本来就有很多矛盾的人硬绑在了一起，结果就是他们的关系更差，吵架更多。在小而的记忆中，家里几乎没有一天是和谐的。

小时候，小而的父母就问过她，如果父母离婚，她想跟谁。长大之后父母吵架，父母就会让小而评判，占理的到底是哪一方。小而总是一次次地被迫在父母之间站队，而且无论她怎么站队，都无法平息双方的怒火。父母该吵还是吵，只是没得到小而支持的一方，在后续的吵架中，还会顺带着数落小而“没有良心”。

父母的关系不和谐，远比双方观点不一致对孩子的伤害更大。父母如果在情感上势同水火，那孩子就必须被迫站队。站队的能力不是整合冲突的能力，而是扩大冲突的能力。于是孩子长大后，就会更擅长扩大冲突，搞对立斗争。在亲密关系里，这类人在有冲突时会扩大冲突，没冲突也会制造冲突。

比较常见的情景，吵架时不就事论事，而是开始争论“你爱不爱我”“这段感情还有没有必要继续”，就是扩大冲突的典型例子。看到网上那些“爱你的男人一定会做这五件事”之类的“鸡汤”情感文章，就拿去控诉伴侣不够爱自己，则是在没冲突时故意制造冲突的典型例子。

升级防御机制，整合冲突，减少矛盾

二元的非黑即白的认知，并非我们需要彻底消除的，这是我们快速了解事物并做出判断的基础能力，是我们的一种本能。我们必须考虑到事物完全对立的两面，才能做出最周全的选择和判断（这也是为什么专业销售不会只强调商品的优势，也会在必要的时候说出商品的劣势，以引导消费者当场做出消费决策）。在做出判断的过程中，二元认知能够起到很大的作用。

除了利用二元思维做出理性判断的能力外，我们也必须拥有从感受上接受这个世界存在很多对立矛盾的事物的能力，否则我们只能选择自欺欺人，只相信自己感受上愿意相信的东西，导致认知越来越不客观，生活越来越失控。

接受矛盾的普遍性

一个人可能既好又坏。一个抢劫杀人的罪犯，平时可能是个看到别人拿快递会帮忙抬的热心人；一个人人交口称赞的单位老好人，背地里可能会偷偷向领导打小报告，或在同事间挑拨离间。

一件事也可能既好又坏。抵制不爱国甚至卖国的公司品牌是好事，但品牌盈利减少导致裁员，影响就业环境又是坏事。

你的伴侣可能既爱你又不爱你，他不是那种会为了你付出生命、无视父母感受和意见的人，但也不是那种工于心计，一心只想从你这儿骗钱骗色的人。他有自己的感受，会重视自己的利益，会考量自己的投入和回报，但也想给你们的关系创造一个未来，会想承担起爱护伴侣的责任。他不会是拯救你脱离苦海的天使，也不会是让你的生活陷入绝望的恶魔，他既有七情六欲，也有道德感。他只是一个付出后得不到回报会累，伤心多了也会心寒的普通人而已。

你的伴侣可能心中也有很多矛盾。他承载、消化不了的内心冲突也会投射到关系中来。要想维护好一段关系，就要接受关系中矛盾长期存在的常态，不扩大伴侣内心的矛盾。不要因为一次吵架，就考虑是否要结束关系。当伴侣在犹豫是否继续坚持这段关系时，不要咄咄逼人地去质问他是不是不爱你了，这样只会加剧他内心跟现实间的冲突，助长他内心“还是分手吧”的想法的力量。相反地，我们可以通过付出、对对方感受的共情，让他感受到被爱，从而平复他内心分手的冲动，这才是让关系长久的维护策略。

升级防御机制，整合内在冲突

一个有太多内在冲突的人，现实生活中的人际关系也会比较紧张。由于缺乏整合冲突的能力，人际关系和亲密关系往往会成为这个人追求内在一致的牺牲品。

无论你是不是一个习惯用分裂防御情感冲突的人，只要你经常体验到内在的冲突，或言行经常前后不一致，那你很可能需要提升你整合冲突的能力，升级你的防御机制。

如果你有一份踏实的工作，但又因羡慕别人有优渥的物质生活而感到沮丧、焦虑，这时两种感受就会产生冲突。如果你是缺乏整合能力的人，你很可能走向深渊，整天惴惴不安，这会加剧你的内在冲突；你也可能会转而抱怨自己的伴侣或父母，责怪他们没能给你更好的物质生活，这会加剧你的人际冲突。如果具备整合能力，你就会用更成熟的建设性防御机制来应对这种冲突。建设性防御机制，包括升华、利他主义、认同和幽默。

升华，就是把内心那些社会无法接受的目标，用一种社会可接受的形式表达出来。

当然，不是每个人都有能力或资源，可以通过社会允许甚至赞许的方式实现自己的目标，所以你也可以选择对生活影响更少的利他主义防御机制。

利他主义，就是将他人的需求置于自身需求之上，通过获得道德上的愉悦，来弥补现实中积极体验的不足。比如，把贫困山区人民的物质需求置于自身物质需求之上，教村民科学养殖种植、教他们直播带货、开网店、筹集教育资金、向上级申请政策倾斜、捐款捐物等，帮助贫困县脱贫致富，通过获得群众的赞许，用事业成就感坚定自己安贫乐道的决心。

如果你的工作无法践行利他主义，那还可以选择对生活影响更少的认同防御机制。

认同，就是让自己变得像某些地位或成就比自己高的人，通过分享其成功，从而坚定自己的信心。

如果你是一个有创造性的人，那你还可以选择另一种防御机制——幽默。

幽默，就是在困苦的情境中找到讽刺、滑稽或戏谑的角度来理解当下，从而缓解现实带来的不安或不满情绪。一个长得比较丑的人，在一次聊天中别人开玩笑地对Ta说："你长得很特殊嘛！"Ta笑着回答："一开始长得还挺委婉，后来就越来越抽象了。"这样的自嘲顿时让现场充满欢乐，大家都笑翻了。大家对Ta外貌的关注，也转移到Ta的幽默上来。

上述四种防御机制，升华是让自己在社会允许的情况下达成目标，利他主义是通过帮助他人弥补自己的缺憾，认同是通过树立崇高偶像而坚定决心，幽默是把痛苦转化成快乐。因此，这四种防御机制是有益的建设性防御机制。

我们往往会发现，身边那些强大和成熟的人，或多或少都会用到上述防御机制。所以，如果想把自己原始的分裂防御机制升级为成熟的建设性防御机制，那就在自己遇到无解之事时，多向会运用上述防御机制的人请教，这样既能学习他们的防御机制来防御自己内心的冲突，又能对自己的防御方式进行升级，一举两得。

第十一章

负面诠释，是因为不安全的依恋风格让你活在担惊受怕之中

小天的公司比她老公的公司离家更近，而且小天下班晚，所以小两口儿回家都是小天老公先去开车接她，他们再一起回家。

有一次，小天比平时下班早。她想着平常都是老公等自己，这次自己过去等他，给他个惊喜。等到了她老公的公司楼下，小天却看到她老公跟一个女生在咖啡厅里聊天，两人都在笑，感觉聊得很愉快。

小天瞬间就感觉血气上涌、天旋地转、心跳加速、喘不过气，脑海里浮现出了老公和那个女生恩爱拥抱的画面。小天进而联想到之前老公有时会晚半小时过来接自己，这段时间老公经常表示需要个人空间然后把自己关在房间里，婚后对方对自己的态度越来越敷衍和不耐烦，自己先前的种种怀疑都指向了一个结论：老公可能出轨了！

她当即打电话给她老公，问他现在在哪里。小天老公小声说在忙工作，让她有急事先留言，没事待会下班再聊，然后就挂了电话。电话被挂后，小天就气冲冲地跑进咖啡厅里，上下打量那个女生并质问老公："这就是你说的在忙工作吗？"小天老公瞬间蒙了，但看她的状态立马就明白怎么回事。他强压着心中的愤怒和尴尬，跟小天解释说面前这个女生是某某同事，让她有事等下班再说。

小天怒了：“好啊，她的事情比我的事情更重要是吧？”女同事见此情况，表示要先回工位整理数据了。小天当即就想去拉住女同事的手不让她走。小天老公立马把小天拉住按到椅子上，对女同事尴尬一笑，然后让小天先把自己的冰咖啡喝了冷静冷静。

回去的路上，小天老公一直在责怪小天胡思乱想，说自己最近真的又忙又累。他跟那个女生在楼下聊天，也是因为要劝退她，自己真要出轨也不会这么明目张胆，选在公司楼下，同事都知道他已婚。但小天依然觉得，那个女生看到自己就想跑，一定是心里有鬼，而她老公之所以选择在公司楼下约会，说不定只是因为他们现在的关系还没到可以开房的地步。因此小天心中依然惴惴不安，认为老公跟别的女生走太近就是不爱自己。

影响安全感的依恋风格

像小天这类经常从消极负面的角度去理解伴侣行为的人，从依恋风格上说，属于痴迷型。

巴塞洛缪的依恋类型理论将人划分成四种类型：安全型、痴迷型、疏离型和恐惧型。

四种类型最明显的区别，在于对自己和他人的评价习惯上。

安全型的人习惯从积极的角度评价自己和他人；痴迷型的人习惯从消极的角度评价自己，从积极的角度评价他人；疏离型的人习惯从积极的角度评价自己，从消极的角度评价他人；恐惧型的人习惯从消极的角度评价自己和他人。

同样的一个事实：小天看到自己老公跟一个女生在公司楼下的咖啡厅聊天。

假如小天是恐惧型，那她会认为自己缺乏吸引力（消极），认为老公禁不住诱惑（消极），因此就会把上述事实理解为她老公已经移情别恋，放弃她只是时间早晚的问题而已。甚至小天会觉得男人都是靠不住的，进而陷入悲哀和自怜的情绪中。

假如小天是疏离型，那她会认为自己很优秀（积极），认为老公禁不住诱惑要么是人品有问题，要么是意志力有问题（消极）。因此她会把上述事实理解为自己发现了印证“老公不合格”这个判断的铁证，进而封闭内心，开始权衡利弊，为自己争取利益。

假如小天是痴迷型，那她会认为自己缺乏吸引力（消极），认为老公特别有魅力，一定有很多异性在暗中觊觎（积极）。因此她会把上述事实理解为老公在为抛弃她做准备，进而陷入惶恐和焦虑的情绪中。

假如小天是安全型，那她会认为自己很好（积极），老公很爱自己，人也很好（积极），固然也会有“他和其他女生是不是关系太亲密了”的困惑，但更多会把上述事实理解为他们是由于工作的需要才会单独到楼下沟通。从此以后小天会对老公和异性的关系暗自留心，但整体上还是相信两人的感情没有问题。

我们会发现，当事件细节不充足的情况下，只有安全型依恋风格的人会习惯从更客观的角度去解读事件，能够关注到两人聊天的地点是在公开场合，且位于伴侣的公司楼下，熟人出入多，从而得出“他们是由于工作需要才会单独到楼下沟通”。其他三种依恋风格的人，则更习惯只从感情角度去解读事件，且大都会进行负面诠释。

痴迷型依恋风格的人习惯从“感情遇到重大威胁了”的角度去解读事件，比如小天看到自己老公和异性聊天，就会认为“他正在接触别的女生，在谋划抛弃我”。当自己老公提出需要个人空间，小天就会认为“他是不是为了方便跟其他女生多接触”。老公的态度没之前积极了，小天就会认为“他没那么在乎我了”。

由于痴迷型的人经常对自己采取消极评价，认为自己是一个很差劲的人，因此会经常怀疑“伴侣爱我”这件事的真实性，于是习惯把事情武断地解读为感情遇到了外部威胁。事实信息如果不足以支撑自己的负面判断，他们就会从过往无数让自己体验到不被爱的细节中去找证据，让自己越想越焦虑，越想越觉得对方就是要抛弃自己了。营造出紧迫感后，这类人会通过质问或伤害对方的方式，要求对方证明对自己的爱以缓解焦虑。但就算你举出了上述“公开场合”和“公司楼下”这两个信息反驳他们的观点，他们最多也就是妥协到认为老公跟“新欢”的关系还不到火候而已，依然会认为伴侣其实没那么爱自己。

疏离型依恋风格的人习惯从“这段感情早该结束了”的角度去解读事件，比如看到伴侣和异性聊天，他们会认为“他果然是个喜新厌旧的负心汉”。伴侣提出希望两个人互动更多，他们就会认为“他果然不适合跟我一起生活”。伴侣的态度没之前积极了，他们就会认为“他之前的热情都只是接近我的伪装”。

疏离型依恋风格的人习惯把伴侣想象得过于完美，因此伴侣的现实缺点在他们眼里就格外显眼。把伴侣理想化的结果，是疏离型依恋风格的人会在初识时由于一个人的某个特点或行为就疯狂地爱上对方。而把注意力过多地放在伴侣的缺点上，使疏离型依恋风格的人很擅长破坏伴侣对自己的吸引力。二者结合起来，导致疏离型依恋风格的人对伴侣的好感在认识之初达到最高，随后不断下滑。所以疏离型依恋风格的人在关系稳定后往往会采取减少互动、拉开距离等方式延缓自己恋爱体验的下滑速度。而吵架或伴侣做出不符合他们期望的事情，如伴侣希望关系更亲密，在他们的体验中，则都是在破坏关系，进而导致他们判定眼前的伴侣并非一个合格的伴侣，随后开始考虑是要现在分手还是忍忍再分手。

恐惧型依恋风格的人习惯从“他待会就要跟我分手了”的角度去解读事件，比如看到伴侣跟异性聊天，这类人会认为“他已经变心了，我做什么都晚了”。当伴侣提出需要个人空间，他们就会认为“他不爱我了，他的注意力放到别人身上了”。当伴侣的态度没之前积极了，他们就会认为“他果然对我厌倦了”。

恐惧型依恋风格的人既不相信自己的魅力和价值，也不相信伴侣的诚意和能力，甚至不相信自己有稳定的亲密关系，因此他们在感情里草木皆兵，会在“他是不是变心了？”和“他是不是不适合我？”这两个困惑间来回切换，也因此会在痴迷型依恋风格的人担心伴侣变心的焦虑状态和疏离型依恋风格的人努力“保护”伴侣吸引力失败的抑郁状态间来回切换。这类人在恋爱时不但很难体验到轻松愉快，反而会由于自己感受和思维的失控而感到恐惧。

早年情感链接决定依恋风格

客体关系心理学家温尼科特曾提出一个概念叫“Good-enough mother”，译作“足够好的妈妈”，我个人更愿意将这个概念译为“60分妈妈”。

成年后依恋风格不够安全的人，往往要么有一个过分追求做到100分的妈妈，要么有一个过于不及格的妈妈。很多来访者问我如何才能做一个好妈妈时，我往往都会跟她们说，做个“60分妈妈”就是一个好妈妈。

那怎么做才算是一个“60分妈妈”呢？

依恋风格理论提出，幼儿对于养育者的核心需求是体验到感情和身体上的亲密，并在此基础上体验到自主性。典型的画面就是幼儿会抱抱妈妈，然后自己去玩玩具，玩一会儿又会跑回去抱抱妈妈，跟妈妈“咿咿呀呀”地说自己玩得多开心，接着又跑出去玩。在此过程中，幼儿拥抱妈妈和跟妈妈分享Ta的感受，就是幼儿在体验感情和身体上的亲密，而跑去玩玩具，就是幼儿在体验自主性。所以“60分妈妈”的核心有两点：一是关注、陪伴孩子，在孩子情绪崩溃前及时出现并安抚情绪；二是能放手让孩子自主地去探索、去受挫。

在这样的成长环境中，孩子可以自由地按照自己的意志去探索外界，在遇到自己处理不了的事情或者陷入恐惧情绪中时，妈妈又能及时出现。这样，孩子心里就会有两个信念：

1.我独自一人也没问题（我可以独立，不担心分离）；

2.我遇到问题可以找人帮我（我可以依赖，不排斥亲密）。

一个孩子只要具备这两个信念，就跟养育者有了结实且有弹性的情感链接，就能够突破原始自恋的限制，构建客观的认知，不容易出现严重的心理问题。在感情中Ta能够保持自己的独立性，又能够考虑对方的感受而调整自己。遇到解决不了的问题，Ta能够依赖伴侣，也能够求助他人。就算关系结束，也能够承受分离的焦虑和悲伤，并自行调整心态，恢复原先的生活秩序。既不担心分离，又不排斥亲密，这种类型的人，在依恋风格中就属于安全型。

如果早年养育者保护得太周到，过分限制孩子对外界的探索，且在孩子遇到挫折之前就替孩子扫清一切障碍，或养育者保护得太不周到，导致孩子遇到过多的挫折和伤害，则孩子会认定自己必须一直依赖强大的养育者，事事都需要求助他人，打心底里不相信自己可以独立，所以害怕被抛弃。这样的孩子缺乏第一个信念“我独自一人也没问题”，情感链接缺乏弹性而且距离过短。具体表现是长大后内心缺乏主见、依赖性强，所以在亲密关系中渴望双方保持极其亲密的关系，一旦伴侣表达出想保持个人空间的想法，便会由于体验到强烈的分离焦虑和距离感而希望进一步蚕食对方的个人空间以缓解情绪。不排斥亲密，但担心分离，且由于担心分离导致对亲密的需求过高，这种类型的人在依恋风格中就属于痴迷型。

如果早年养育者给孩子的关注和陪伴太少，在孩子情绪接近崩溃时也没有及时出现，则孩子不相信自己遇到危险时会有人来帮自己，不敢过于依赖他人。这样的孩子缺乏第二个信念“我遇到问题会有人帮我”，情感链接脆弱且疏远，表现出来就是长大后过分独立、人际疏远、不允许自己脆弱。

这类孩子又会根据养育者反馈的可控性高低细分为两类。如果养育者的“分数”是接近“零分”的，也就是在孩子的成长过程中，养育者几乎没有关注、陪伴，无论孩子怎么努力，养育者的注意力和精力始终放在别的地方，那孩子对于建立情感链接就是完全不抱期望的。绝对不会有人爱自己，那就只能事事靠自己，不能有任何依赖别人的想法，依赖就是可能受伤的开始。在感情里，这类人会过度地要求伴侣给自己个人空间，如果伴侣让自己产生依赖冲动的话，就说明该主动结束关系了。这种类型的人对稳定的情感链接绝望，以至于不担心分离，却过分排斥会增加分离痛苦的亲密，在依恋风格中属于疏离型。

如果早年养育者的“分数”为“十几二十分”，尽管给予孩子的关注、陪伴、安抚不够，但时不时还是会有的，那孩子对于稳定的情感链接还是抱有期望的。只是这种无规律的爱对孩子来说，就像是绑在驴头上的胡萝卜，Ta能闻到胡萝卜的味道，偶尔能舔到胡萝卜或啃上一小口，却始终没法踏踏实实地吃。这种时有时无的情感链接，相当于间歇性强化，会让孩子对情感链接极度渴求。很渴望亲密关系，但努力却得不到稳定亲密关系的痛苦记忆，让这类人学会了用表面的疏远和冷漠掩盖内心对亲密的渴望。在感情方面的表现，就是对异性有好感时会压抑自己；面对异性的主动靠近，会由于担心自己依赖对方后分手带来的痛苦难以承受而不愿开始关系。可当自己对对方产生情感依赖后，又会变得过分渴求亲密，甚至对亲密的需求还会高过痴迷型。这种类型的人，由于过分地担心分离，于是表现出过分排斥亲密，在依恋风格中属于恐惧型。

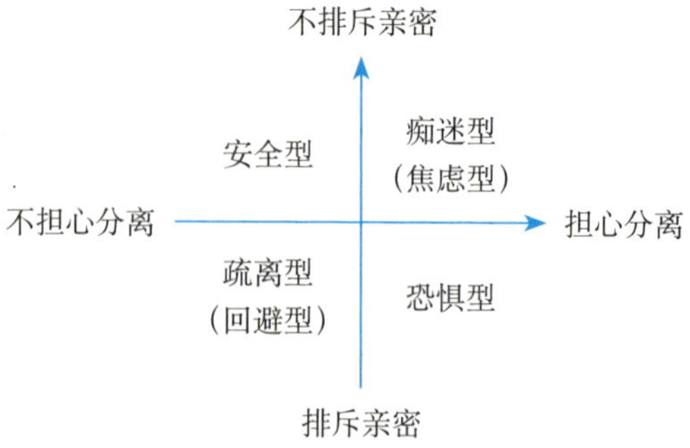

有必要说明的是，上述情感链接的形成过程是亲子双方共谋的结果，养育者不称职固然是导致孩子缺乏健康心理链接和健康

依恋风格的重要因素，但孩子本身的性格特质也是重要因素之一。如果孩子性格比较偏执，那Ta就会一直感受到养育者过度限制了自己的自由，跟疏离型的成长体验近似；如果孩子过于情绪化，那Ta就会一直感受到养育者未能给予自己足够的情绪安抚，跟痴迷型或恐惧型的成长体验近似；如果孩子过于自我中心，那Ta就会经常感到父母对自己的关注和陪伴不足，这跟痴迷型或恐惧型的成长体验近似。

这些性格特质也会持续影响孩子成年后的亲密关系。比如，偏执的人就会对伴侣有很多刻板要求，情绪化的人就会被情绪所影响而经常向伴侣施加心理压力，自我中心的人会要求伴侣事事都围着自己等。要是仅仅把依恋风格归因为早年养育者的不良影响，那就很容易忽略自身本来存在的问题，进而把当下的糟糕现状归咎为养育者的错，既不利于自己的情绪状态，也不利于现实问题的解决。

因此，了解依恋风格的形成过程，并不是为了探寻所谓的“真相”并要求养育者负责，而是为了让我们意识到，感情里经常有矛盾冲突，不一定是哪一方错了，也有可能只是一方或双方的依恋风格本身不适合建立长期关系，所以需要做出调整而已，最终的落脚点还是在现实问题的解决上。

此外，由于早年情感链接的对象可以是多人的，因此对于个体来说，依恋风格并非是非此即彼的，而是以三种层次的形式存在的。第一层是一个人对外部世界的总的依恋风格，第二层是一个人对不同关系类型（如友情、爱情、亲情）的依恋风格，第三层是一个人对特定某个人的依恋风格。所以，如果你发现自己同时具备两种依恋风格的特点，那也是一件很正常的事情。想了解自己目前在爱情中是以哪种依恋风格为主的话，可以通过下列亲密关系经历量表确定。

成人依恋量表—亲密关系经历量表（ECR）

指导语：下面给出了许多句子，都是描述恋爱关系中的每个人可能会有的感觉。在你的恋爱关系中，你自己的一般体验与每个句子描述的情况相似的地方有多大？1表示非常不同意，7表示非常同意。请填写在题纸上。注意，这里并不仅仅是指现在的恋爱经历，它针对的是你所有恋爱经历中常常体验到的感觉。

1	2	3	4	5	6	7
非常不同意	不同意	有点不同意	中立	有点同意	同意	非常同意

项目内容	得分					
01.总的来说，我不喜欢让恋人知道自己内心深处的感觉。	1	2	3	4	5	6	7
02.我担心我会被抛弃。	1	2	3	4	5	6	7
03.我觉得跟恋人亲近是一件惬意的事情。（R）	1	2	3	4	5	6	7
04.我很担心我的恋爱关系。	1	2	3	4	5	6	7
05.当恋人要跟我亲近时，我发现自己在退缩。	1	2	3	4	5	6	7
06.我担心恋人不会像我关心他（她）那样地关心我。	1	2	3	4	5	6	7
07.当恋人希望跟我非常亲近时，我会觉得不自在。	1	2	3	4	5	6	7

续表

项目内容	得分						
08.我有点担心会失去恋人。	1	2	3	4	5	6	7
09.我觉得对恋人开诚布公，不是一件很舒服的事情。	1	2	3	4	5	6	7
10.我常常希望恋人对我的感情和我对恋人的感情一样强烈。	1	2	3	4	5	6	7
11.我想与恋人亲近，但我总是退缩不前。	1	2	3	4	5	6	7
12.我常常想与恋人形影不离，但有时这样会把恋人吓跑。	1	2	3	4	5	6	7
13.当恋人跟我过分亲密的时候，我会感到内心紧张。	1	2	3	4	5	6	7
14.我担心一个人独处。	1	2	3	4	5	6	7
15.我愿意把内心的想法和感觉告诉恋人，我觉得这是一件自在的事情。（R）	1	2	3	4	5	6	7
16.我想跟恋人非常亲密的愿望，有时会把恋人吓跑。	1	2	3	4	5	6	7
17.我试图避免与恋人太亲近。	1	2	3	4	5	6	7
18.我需要我的恋人一再地保证他（她）是爱我的。	1	2	3	4	5	6	7
19.我觉得我比较容易与恋人亲近。（R）	1	2	3	4	5	6	7
20.我觉得自己在要求恋人把更多的感觉，以及对恋爱关系的投入程度表现出来。	1	2	3	4	5	6	7
21.我发现让我依赖恋人，是一件困难的事情。	1	2	3	4	5	6	7
22.我并不是常常担心被恋人抛弃。（R）	1	2	3	4	5	6	7
23.我倾向于不跟恋人过分亲密。	1	2	3	4	5	6	7
24.如果我无法得到恋人的注意和关心，我会心烦意乱或者生气。	1	2	3	4	5	6	7
25.我跟恋人什么事情都讲。（R）	1	2	3	4	5	6	7

续表

项目内容	得分						
26.我发现恋人并不愿意像我所想的那样跟我亲近。	1	2	3	4	5	6	7
27.我经常与恋人讨论我所遇到的问题以及我关心的事情。（R）	1	2	3	4	5	6	7
28.如果我还没有恋人的话，我会感到有点焦虑和不安。	1	2	3	4	5	6	7
29.我觉得依赖恋人是很自在的事情。（R）	1	2	3	4	5	6	7
30.如果恋人不能像我所希望的那样在我身边时，我会感到灰心丧气。	1	2	3	4	5	6	7
31.我并不在意从恋人那里寻找安慰，听取劝告，得到帮助。（R）	1	2	3	4	5	6	7
32.如果在我需要的时候，恋人却不在我身边，我会感到沮丧。	1	2	3	4	5	6	7
33.在需要的时候，我向恋人求助，是很有用的。（R）	1	2	3	4	5	6	7
34.当恋人不赞同我时，我觉得确实是我不好。	1	2	3	4	5	6	7
35.我会在很多事情上向恋人求助，包括寻求安慰和得到承诺。（R）	1	2	3	4	5	6	7
36.当恋人不花时间和我在一起时，我会感到怨恨。	1	2	3	4	5	6	7

［来源：李同归、加藤和生，
《成人依恋的测量：亲密关系经历量表（ECR）中文版》］

计分

题目	1	3	5	7	9	11	13	15	17	19	21	23	25	27	29	31	33	35	累计
得分																			
题目	2	4	6	8	10	12	14	16	18	20	22	24	26	28	30	32	34	36	累计
得分																			

1.分别统计2个维度总得分

未标注R的题目正向计分，即选1得1分，选2得2分，选3得3分……选7得7分。标注R的题目反向计分，即选1得7分，选2得6分，选3得5分……选7得1分。

依恋回避维度题目：第1、3、5、7、9、11、13、15、17、19、21、23、25、27、29、31、33、35题。

依恋焦虑维度题目：第2、4、6、8、10、12、14、16、18、20、22、24、26、28、30、32、34、36题。

2.计算两个维度的平均分

依恋回避均分A=（1，3，5，7……35）÷18，即奇数项的平均得分；

依恋焦虑维度B=（2，4，6……36）÷18，即偶数项的平均得分。

3.把A和B的数值带入下列费舍尔线性判别公式

安全型倾向=A×3.29+B×5.47−11.53

恐惧型倾向=A×7.23+B×8.17−32.35

痴迷型倾向=A×3.92+B×9.71−28.45

疏离型倾向=A×7.36+B×4.93−22.23

哪个得分最高，即为哪种类型。

重建你的依恋风格，向内寻找安全感

寻求稳定关系，构建能给自己安全感的“安全基地”

早年稳定健康的情感链接，就像在我们的内心打造了一个“安全基地”。“安全基地”对我们内心的意义，就像家对我们的意义一样，有家才有“离家”和“回家”这种具方向性的概念，生病或疲惫时才有可以休息的地方，也才有外出的价值和底气。有“安全基地”，我们人生才会有方向感，才会有意识、有办法照顾自己的感受，也才能跟他人建立链接并探索未知的世界。

安全型依恋风格的人是“有家”而且经常“在家”，偶尔才“出门”冒险。痴迷型依恋风格的人是自己“没家”，一直“想住进别人家”。疏离型依恋风格的人是一直“在外流浪”，不想有家的。恐惧型依恋风格的人是一直犹豫要“去别人家”还是“流浪”。后三类非安全依恋的人，要想让自身情绪状态更加稳定，都需要建造属于自己的“家”、自己的“安全基地”。而能构建出“安全基地”的，便是稳定的关系。

构建“安全基地”的关系，必须能够持续满足我们的三项需求：提供归属感、提供保护、提供意义。

①提供归属感，就是满足我们的亲密需求。检验一个人是否满足此项需求的标准，就看你没事时想不想跟对方在一起、在一起时你是否放松自在，如果答案都是肯定的，那就说明这个人能给你提供归属感，是你“安全基地”的一部分。

②提供保护，就是满足我们情绪被安抚、被接纳的需求。检

验标准，是看你失落或沮丧时想不想跟对方在一起，想就说明这个人也是你“安全基地”的一部分。

③提供意义，就是满足我们被珍视的需求。检验标准，是看你取得成就时想不想第一个通知对方，想就说明这个人是你“安全基地”的一部分。

最佳的“安全基地”，是这三项需求都能在一段稳定的关系中得到满足。次之，则是通过若干稳定但不完整的关系形成的社会支持网络来满足这些需求。而如果你三项需求中有需求没能在现实的稳定关系中得到满足，那就说明，**你之所以持续处于安全感匮乏的状态中，有很大一部分原因是现实中缺乏对你人格有滋养性的社会关系**，你需要主动去寻找那些能给你提供温暖、体贴、共情、及时回应的人，并跟他们建立稳定的关系。

记录安全依恋启动事件，改变内部工作模式

依恋风格是以内部工作模式的形式存在的。内部工作模式，指一个人无意识中对自我、重要他人和关系的一种假设。这些假设决定了一个人会如何理解新发生的事件，进而决定了Ta有什么情绪和做出什么行为。

痴迷型依恋风格的人的内部工作模式是“我是不被爱的”“伴侣是很优秀的”“关系是很脆弱的”。当伴侣忙工作忽略了Ta的时候，Ta就会将这个事实理解为“我不被爱，所以Ta忽略我”“Ta很优秀，所以很多人喜欢”“Ta忽略我意味着关系可能要出问题”，接着痴迷型依恋风格的人就会通过吵架、提分手等过激的依恋策

略试图引起伴侣的关注。如果伴侣因此向痴迷型依恋风格的人发脾气了，痴迷型依恋风格的人就会继续调用内部工作模式来理解现状，即“我不被爱，所以Ta可以随便对我发脾气”“Ta很优秀，所以不用顾及我的感受”“关系果然出问题了”。结果就是，由于有不合理的内部工作模式，导致自身思维、情绪、行为失控，失控导致的现实结果又强化了其不合理的内部工作模式。

疏离型依恋风格的人也同理，这类人的内部工作模式是“我是很优秀的，伴侣是很差劲的，关系是危险的”。当疏离型依恋风格的人冷落了伴侣，导致伴侣发脾气的时候，Ta会将事实理解为“我很独立”“Ta依赖性太强了”“感情就是会给我带来麻烦”。接着，疏离型依恋风格的人就会采取转移注意力等不激活依恋的方式压抑自己的依恋需求，表现得对伴侣更加冷淡，甚至会提出分手。伴侣因此哀求讨好或挽回疏离型依恋风格的人，疏离型依恋风格的人就会继续调用内部工作模式理解现状，“我很独立，所以不需要感情”“Ta太依恋我了，需要通过分手来成长”“太重视感情会像Ta一样痛苦”，现实又强化了其不合理的内部工作模式。

恐惧型依恋风格的人，则是两种内部工作模式都具备，视关系和情况不同而切换。安全型依恋风格的人的内部工作模式，则是“我很好”“伴侣很好”“感情很让人幸福”。

四种类型的共同点在于，内部工作模式都会自我强化，当下的体验会一遍又一遍地加强内部工作模式。所以，三类非安全依恋的人要增强自己在感情里的安全感，就需要向安全依恋“借”

安全依恋启动的“钥匙”，增加安全型内部工作模式的三类能让自己产生积极体验的信息出现的频率，打破内部工作模式的自我迭代强化。

具体做法是先记录三类事件：这段感情让我觉得“我变得更好了”的瞬间、这段感情让我觉得“Ta变得更好了”的瞬间、我感受到被爱的瞬间，如下例。

我觉得“我变得更好了”	我觉得“Ta变得更好了”	我感受到被爱的瞬间
我一个从不下厨的人为了Ta学会了做四菜一汤，第一次有了做妻子的感觉	我重复犯错的时候Ta能够接纳我，而且还会帮我善后，让我觉得特别有安全感	Ta很动情地说爱我，然后紧紧地抱了我十几分钟，我感觉好幸福啊
Ta发脾气时我能够理解Ta的情绪逻辑并共情Ta，有时Ta也像孩子一样需要被保护和照顾	Ta能在我情绪化无理取闹的时候接住我的情绪，不因我的气话而生气或远离我	Ta为了搬家时我不受累，自己偷偷请假回家打包了一整天，太体贴了

记录时尽可能多地记录细节，写下自己在感情里有积极体验时的情绪、思绪和愿望。衡量记录是否合格的标准，是看你在重读一件事的过程中，内心有没有温馨、愉悦的感受出现。有积极感受，甚至是能让你情不自禁地浮现出笑容，才说明你记录的信息合格了，增加了一把启动安全依恋内部工作模式的“钥匙”。

这些启动安全依恋的“钥匙”有两种用法。一种是在自己出现非安全依恋的负面情绪时用于调整自己的情绪状态，比如痴迷型依恋风格的人感受到伴侣疏远或忽略自己时、回避型依恋风格的人感受到伴侣有缺点或让自己有厌倦感受时、恐惧型依恋风格的人挣扎于要分手还是不分手时，都可以拿出你记录的本子或便签，一件一件地回顾这些事情，一边看一边深呼吸，让新的体验覆盖原先的负面情绪，打断旧的内部工作模式的自动运转。另一种用法是进行日常训练，帮助自己建立安全依恋的内部工作模式。每天至少抽出五分钟，不让任何事情打扰自己，在确保自己身体状态舒服（没病痛、不饿、不渴）的情况下，用自己最放松、舒服的姿势回顾上面记录的内容。能让自己体验到积极情绪和安全感的，才算是有效的训练时间。

只要启动一次有效的安全依恋训练，就能让自己短时间内的心态变得积极、轻松。坚持三天，就能让自己在三天后保持对感情更积极的期待、更少焦虑以及更正面的自我评价。启动训练坚持一周，可增加日常体验到的积极情绪，并提高自尊水平，增强自己对外界负面信息的抵抗力。坚持一个月，加上稳定的亲密关系，即可让自己拥有安全依恋的内部工作模式，再加上正确的维护技巧，安全依恋的内部工作模式就可以自动迭代强化，让你真正摆脱原先的非安全依恋风格。

安全依恋启动训练对高焦虑个体和疏离型的效果较差，如果运用安全依恋启动时无法让自己产生积极体验，建议寻求长期心理咨询的帮助。

提升自己的心智化水平

心智化水平，指人对于自己以及他人内在心理过程（如动机、情绪、思维）的理解程度。

把人的心理过程比作一辆车，心智化水平越高的人，对这辆车的内部构造、运行原理、驾驶方法就越了解，也就越能熟练地驾驭这辆车，驶向自己要前往的方向，出了问题也能更快分析出症结，并让车辆恢复正常行驶。

心智化水平低的人，对心理过程这辆“车”的理解，只停留在儿童甚至幼儿阶段。要想让这类人调整自己的心理过程，就像让一个三岁小孩去开车，一般只有两个结果，要么车原地不动，要么车蹿出去就停不下来，很难精细地把握细节。而如果“车”出了问题，比如将情绪付诸行动、突然有强烈的情绪、思维不可控制，心智化水平低的人只能任由这些问题把生活搅得一团糟，无法分析出症结所在，从而无法解决问题。

非安全型依恋是一辆本身有点故障的“车”，要想稳定地驾驶这辆“车”往期望的方向行驶，就需要我们有超出大部分人的“驾驶能力”，也就是提升自己的心智化水平。

心智化水平的提升方法，在前面和接下来的章节都会有所涉及。

了解自己的情绪，可参见第六章中“让‘理性的我’凌驾于‘情绪的我’之上”部分里的情绪觉察训练和情绪命名。

调整自己的情绪，可参见刚提到的“安全依恋启动事件记录”、第五章中“负面诠释”部分里的ABC模型、第八章中的“哀悼信”以及后续会提到的情绪按钮、放松训练、感恩日记、接纳。

了解他人的情绪，可参见第六章中的“共情”和“移情分析”。

了解自己的思维，可参见第三部分第九章中的“接纳‘我是一个什么样的人’”。

了解他人的思维，可参见第五章“自我中心”部分里的换位思考训练。

加工自己的思维，可参见第五章“非黑即白”部分里的三种减少非黑即白思维的认知调整方式、“负面诠释”部分里的纠正负面诠释的思维训练、“受害者思维”部分里的正确归因训练、第十章中的“升级防御机制”和后续的课题分离。

加工自己的行为，可参见第七章中的“行为习得”和“高情绪价值表达习惯”。

了解自己的行为和他人的行为，是涵盖整本书的对行为背后动机、需求、潜意识动力的分析。

总之，只要你认真反复阅读本书，并按照本书的内容坚持练习，你的心智化水平就会有所提升。但提升心智化水平的过程中，有几个问题需要事先强调。

①心智化水平低的人，遇事更习惯思考“怎么做”，而心智化水平高的人，遇事更习惯思考“为什么”。想提升自己的心智化水平，那你需要意识到，比起解决当前的问题，了解问题的来龙去脉更为重要。你需要做的是把自己未能觉察的行为、情绪、思维过程以环环相扣的形式呈现出来。呈现出过程，就能找到可以提前介入的关键环节，并事先避免最终问题的出现，防患于未然比亡羊补牢更省力。

②心智化水平的提升需要穿越一个无知之幕，如果先前你对

自己一无所知，那你会对自己特别自信。而当你开始了解自己的时候，你会由于对自身的无知而感到挫败和惶恐，出于维护自尊的本能，你可能会抗拒继续面对自己的无知，但这是一个必经的过程，从盲目自信到自卑，再到建立基于自知的自信，是心智化水平提升的必经过程。

③心智化水平的修炼是永无止境的，了解自己和他人是一门永恒的学问。不要期望通过学习某种心理理论一劳永逸地处理好自己和他人的关系。需要耐心觉察、思考、分析和验证，还需要尊重对方的意愿、感受和需求。感情相处没有模板，只有沟通磨合出的互相迁就和接纳。

第十二章

受害者情结，是个人边界被突破的结果：后悔不该那么早结婚、后悔跟不爱自己的人结婚

小下最近很痛苦，她觉得老公不爱她了。

小下的孩子刚满一个月，现在每天晚上她都跟老公分房睡，分房是她提出来的。

在生孩子之前，他们也是分房睡的，但那次分房是老公提出来的。在小下怀孕三个月的时候，小下老公觉得她怀孕了得多注意休息，担心自己影响到小下睡觉，于是他提出自己到书房去睡，小下也同意了。

分房睡之后，小下却没感觉到睡眠质量有所提高。尽管少了老公的呼噜声确实可以睡得好一点，可旁边缺了个人，她心里有时会觉得空落落的，难以入眠。而且他们不在一起睡，原先睡前聊天的环节也没了，这让小下更觉得孤独。可想到这毕竟是老公的一番好意，她就努力坚持一个人睡。

转眼七个月过去，孩子出生了。由于觉得自己不修边幅的样子太丑、婴儿经常哭闹影响休息等诸多原因，小下主动表示不想影响老公休息，要继续分房睡，她老公也同意了。

结果每天晚上小下就只能自己换产褥垫、清洗伤口、擦洗身体、上药、换裤子、喂奶、挤奶、温奶、哄孩子睡，一通活儿干完，基本天都快亮了。由于小下休息不好，加上心情不好，她的伤口好得特别慢，还有点发炎。可这些，她老公全都不关心，他只知道下班回家后抱着娃玩个二三十分钟，娃哭了，他就把娃扔回给小下。他自己该玩游戏就玩游戏，该出去聚餐就聚餐，忙完就又会来陪娃玩十几分钟。夫妻间的沟通更少了。

小下觉得孤独又痛苦，经常自己默默流泪，后悔不该那么早就结婚生孩子，后悔坐月子没让婆婆或自己妈妈过来帮忙，后悔跟这么一个不爱自己的丈夫结婚。

让你自怜自艾的受害者情结

如果你在生活中经常遇到倒霉的事情，总是成为受害者，那大概率不是因为你倒霉，而是因为你有“受害者情结”。

受害者情结，即在早年环境中长期扮演“受害者”的角色，以至于脱离那个环境后依然对“受害”这件事过分关注，会以“加害—受害”的视角去理解外界。面对外界伤害时，选择接受伤害，而非改变外界。

如上例中的小下，在面对产前分房睡时的孤独和产后生理上的痛苦与疲劳时，她没有试着要求伴侣改变以迁就自己的感受，而是顾影自怜，压抑感受。等最后感受爆发了，她就认为丈夫是恶意加害自己，让自己难受，是不爱自己。这种对伤害过度敏感、一受刺激就无法自控地陷入哀伤、自怜中的人，就是有受害者情结的人。

有受害者情结的人，往往早年环境中存在个人边界被频繁入侵且无法反抗的经历。比如小下的父母，就经常根据自己的喜好，频繁干涉小下做什么或不做什么。小下在玩拼图，小下爸爸觉得玩这种东西没用，就把拼图收走藏起来，拿出一本《唐诗三百首》，跟她说要多看书。小下哇哇大哭，小下爸爸却置之不理。妈妈带小下出去买衣服，小下喜欢蓝色的衣服，但妈妈总是觉得橙色、红色的更好看，显得阳光、有活力，所以小下的衣服基本都是红色和橙色的。

小下对父母的决定有异议时，一般会被父母无视。少量情况下，她会面临身体或精神上的惩罚。总之，就是不存在妥协和折中的可能性。最终，小下无论是讨好还是反抗或者逃离，都无法决定她人生中的任何事。长此以往，她便习得性无助了，凡事都需要依赖他人。她不再相信自己的判断和决定，不再相信自己的感受，不再相信能够通过努力去改变现状。

比起自己做决定，然后焦虑地等待不确定的结果，以及不确定何时会到来的干涉，直接把自己人生的决定权交给那些喜欢控制自己的人，“受害者”反而会更加安心。把决定权交出去，自己就不用对结果焦虑了，别人想争决定权也是别人的事情，而且最后结果糟糕的话，还可以追究别人的责任而不用自责。一举三得，唯一牺牲的，就是自己人生的主动权。

于是小下就从小时候的被动受害者，变成了长大后的主动受害者。遇到难题，第一反应就是找别人承担责任。遇到糟糕的事情，第一反应不是防御和反击，而是如同有受虐倾向般地主动靠近伤害、扩大伤害，体验到受伤后自怨自艾，“果然我就是这么可怜，你们得为此负责”。

我们是怎么被他人情绪操控的?

“受害者”们的父母，在“受害者”长大的过程中，一般会发展出格外高明的手段——情绪操控，用以控制“受害者”。

比如小下读高中时，妈妈继续给她买橙色的衣服，她不喜欢，于是拒绝。她妈妈倒是没办法逼她穿，但会表现得特别难过、失落：“好吧，我还专门在店里找了个身材跟你差不多的女生试穿，试了好久，专门挑的这衣服，唉，果然女大不中留。”等她把衣服接过去，妈妈就又喜笑颜开了。爸爸则没这么多话，但在高考后小下没按照他的建议填志愿时，他一个人在阳台，扶着栏杆皱着眉，惆怅地抽了半包烟。直到小下妥协，他才恢复正常。

是让父母干预自己的人生，还是坚持自我，拒绝父母的干涉，然后在父母的委屈、自怜中体验负罪感，是每个“受害者”成长过程中经常纠结的问题。孩子总是爱父母的，所以在面对父母的情绪操控时，几乎毫无还手之力。大多数人都会由于承受不了负罪感，而选择第一个选项，让父母干预自己的人生。

小下的父母本性并不坏，只是突破边界控制，本身就是他们表达爱和感受爱的一种方式。所以妈妈控制小下穿橙色衣服失败后，她体验到的是，自己付出爱被拒绝了，才会有那么强的委屈和伤心，爸爸也同理。

这种没有边界感的爱，其实是一种“有毒的爱”。

逾越个人边界控制他人，根源其实是对对方的不信任。所以，表达这种爱本身就是在贬低对方。

想象一下，老板给你布置了一个任务，让你写一份一千字的报告。

你写了三百字时，老板过来看了看，然后帮你修改了一遍；写了八百字时，老板又过来给你修改了一遍；你写完后，老板又过来修改了一遍。

领导会觉得：“你看我帮你这么多了，你是不是很感恩？”而你只会觉得：“这是信不过我啊！那你怎么不自己写？”

小下父母的情况也是如此。管得越多，越期望得到感恩和认可，却忽略了这种管教本身就是在贬低对方，只会让小下变成怨恨他们的“受害者”。

让小下穿橙色衣服，潜台词是：你不知道什么颜色好看，你不知道什么颜色适合你。让小下填志愿选择别的专业，潜台词是：你不知道什么专业是对的，你不知道什么专业适合你。

长时间接受这种“有毒的爱”，会导致对责任的回避，不对自己的感受和想法负责，变成“受害者”。

老板如果越界，管得太多，手下的员工就会对自己的能力不自信，害怕承担责任，工作积极性就比较低。遇到可能要承担责任的事情，就会让老板介入。而工作出了问题时，员工也会对强硬干涉的老板心怀不满。

父母逾越边界，对小下管得太多，导致小下被培养成了“受害者”。她对自己的能力和判断不自信，认为老公决定孕期分房睡，那分房睡就应该是对的，自己就算觉得孤独或不舒服也应该努力执行。她对自己的感受也不负责，在孕期觉得孤独时没有想办法疏解，在产后感觉痛苦和不被爱时也没有尝试改变。遇到问题时只会顾影自怜，放任问题自行发展。等情况恶化到无法控制时，就责怪他人、责怪命运。这就是有受害者情结的人不幸的根源。

你需要教会别人怎么爱你

破解“受害者情结”其实很简单，就是践行一句话：自己的事情自己做。

但说起来简单，做起来难。

首先，主动受害是有好处的，不想继续做“受害者”，你需要先放弃这些好处：

①不用自己去分析问题、思考问题、找解决方法。

②不用忍受行为做出后和结果出现前的这段焦虑的时间。

③不用单独承担做出决定的后果，结果不好可以怪别人。

④不用自己直面人生中的诸多不确定性。

其次，你需要重新理解“责任”。要让“受害者”承担责任并不容易。就像前面讲“受害者思维”时说的一样，要求“受害者”们承担责任，他们便会感受到更强的委屈和自怜：“我的处境都这么惨了，你为什么还要怪我？”

所以在这里，我有两段话希望“受害者”们能听到心里去。

①你才是最了解自己的人，你需要教会别人怎么爱你

小时候，父母入侵你的个人边界，对你的反抗进行打压和惩罚，他们忽略了你的感受和想法，确实是错的。

但是，长大后你遇到的伴侣不是你的父母。人格健康的伴侣，尽管也会对你的一些行为有意见，但Ta不会像你父母那样，只基于自己的考量而想要控制你，也很少会惩罚你。

你感受到自己的想法和感受被忽视了，感觉受伤了，更可能只是因为伴侣考虑不周全，而不是有意要伤害你。你大可在自己受伤的时候跟对方说：“你这样做，让我觉得很受伤、很难过。”然后跟对方一起讨论解决办法，这样才能让你的感受更舒服一点。

②承担改变的责任

或许你会认为，你没有做错什么，平白无故地感受到被伤害，为什么还需要改变自己？为什么不是别人先主动改变？

小下可以选择跟老公表达自己这几个月的感受。比如：这段时间我一直一个人睡，觉得好孤独、好伤心啊。可以选择表达自己的想法：我希望自己什么都不说，你就能理解我的感受，然后主动关心我。但是你没有，这让我有点难过，感觉你都不懂我。也可以表达自己的需求：我知道我这样有点任性，但你能不能迁就我一下，跟我道个歉，哄哄我，让我心里好受一点。

总之，如果你遇到这样的情况，切记不要顾影自怜，你需要承担起向好的结果迈进的责任。先改变自己的行为，伴侣才有可能因你而改变。

感情Tips

产后抑郁

产后抑郁，特指发生于女性产后四周内出现的抑郁症，国际患病率约为10%～15%，与遗传、雌性激素生产前后分泌变化、婚姻关系、社会支持网络等因素有关。产妇要多关注自己的情绪状态，情绪不佳时要多做让自己开心的事情，或者吃点喜欢吃又不影响调养身体的东西。状态调整不好的话，要及时向长辈和丈夫求援，或者去医院检查身体和心理状态。一个健康、开心的产妇才更可能养育出身心健康的宝宝。照顾好自己是产后的首要责任。

产后的婚姻维护

1.夫妻双方及时调整预期，提前做好心理准备：生孩子后只会比待产时更累、更难。要意识到，这种累和难不是谁的错，而是双方共同的选择。

2.丈夫要积极参与到育儿中来。比如，喂养方式的选择、奶粉的选择、婴儿护理等，不能让妻子独自面对未知的育儿挑战，更不能让育儿变成妻子和婆婆的“战场”。

3.丈夫不能把注意力都放到婴儿身上。当妻子过度照料婴儿时，丈夫就应该关注妻子的劳累，反之亦然。这样妻子才不会由于照料婴儿而累倒自己，变成“受害者”。

4.女性产后会产生强烈的“去父留子”的本能冲动，表现为几乎将全部精力放在孩子身上，无暇照顾自己，更无暇照顾丈夫，甚至会莫名排斥丈夫。女性产后要提醒自己，“母亲”的身份固然重要，但夫妻关系才是一个家庭的基础，要记得兼顾“妻子”的身份，照顾丈夫的需求和感受。女性要鼓励丈夫参与育儿的行为，不能由于其未能照顾好婴儿就指责甚至拒绝他参与，这样只会上演“丧偶式育儿”的苦情戏。

5.改变应对情绪的方式，觉察情绪。当自己感受到无力时，不要攻击、责怪对方，而是抱抱对方，跟对方说句“我觉得有点累，你应该也很累吧”。直接表达出不带攻击性的情绪，把耗能的沟通转变成储能的沟通。

6.创造二人空间。无论是把宝宝哄睡后两个人好好聊天，还是把宝宝留给父母暂时照料，两人出去逛街购物，抑或只是出去开个房好好睡一觉，重新找回两个人恋爱时的状态，能够让过去憧憬未来生活的你们激励当下疲惫不堪的你们，让自己感受到，自己的选择是正确而有意义的。

第十三章

情绪付诸行动的开关——情绪按钮：不知道为什么，我对着Ta就是很爱发脾气

小归的男朋友最近跟她提了分手。分手的理由，是男朋友觉得小归对他的要求太高，让他觉得压力大到喘不过气。

小归对男朋友的高要求，主要体现在对“被重视”的需求上。

小归曾经跟男朋友说过自己最喜欢吃虾。有次两人在外面吃饭，有排骨粥和鲜虾粥两种主食，男朋友点了排骨粥，她很生气，觉得男朋友不重视自己说过的话。

小归工作有疏忽被领导批评了，她发了个吐槽工作和领导的朋友圈。过了两小时，男朋友还没有主动来关心她，她很生气，觉得男朋友不够关心、重视自己。

小归和男朋友边逛街边聊天，她讲了一件好玩的事情后，男朋友盯着手机没有回应她，她当场脸一黑，直接甩手走人。无论男朋友在后面怎么追、怎么解释，她都不理睬。往往需要男朋友哄两三天，写检讨书，她才会勉强原谅男朋友。

每次小归觉得不被重视而生气时，那种愤怒情绪都会极其强烈，她也知道自己脾气不好，可怎么也改不掉。无论她怎么努力，情绪上来时她还是忍不住会失控。

她很困惑："为什么我对着他就是很爱发脾气？"

情绪按钮是一种不受控的自我保护功能

情绪按钮是大脑边缘系统的自我保护功能。我们的边缘系统会通过制造恐惧、惊慌、愤怒等情绪，控制我们在必要的时候行动起来保护自己，这是一种原始的自我保护功能。

看到老虎等大型动物会害怕、惊慌并做出逃离的行动，在地铁上被别人狠狠踩到脚，会愤怒并做出攻击行动，就是这种功能在起作用。

在现代社会，这种功能依然能保护我们。面对原始威胁，比如蛇、野猪时，这种功能可以让我们的机体迅速调整到战备状态：瞳孔放大、心跳加速、呼吸急促、糖原分解为葡萄糖，让全身充满氧气和能量，无论是逃跑还是战斗，都可以发挥出身体的最高水平。

不过，这种功能也经常给我们制造不必要的消极情绪。比如考前焦虑、工作抑郁或过度反应。如上例中，小归会由于男朋友没点自己喜欢喝的粥、没有时刻关注自己的朋友圈并关心自己、没有关注她说的话，而出奇地愤怒，并将愤怒付诸行动，最终导致男朋友不堪重负，提了分手。

在感情中，情绪按钮主要有五类：被否定、被忽视、被抛弃、被控制、被拒绝。案例中小归的情绪按钮就是被忽视。只要她期望得到关注时，男朋友没有关注她，她就会体验到莫名的暴怒情绪。

情绪按钮的成因——需求压抑&创伤经历

小归是家里的老大，她还有一个弟弟和一个妹妹。从她记事起，她只体验过一小段短暂的独生女时光。随着弟弟的出生，她就多了一个姐姐的角色。自从做了姐姐，父母最关注的人就不是她了，最好吃的东西也不属于她了，被宠爱、被迁就的权利也被“姐姐应该让着弟弟”一句话剥夺了。甚至奶奶带他们姐弟时，奶奶只给弟弟买零食，她硬从弟弟手里抢时还会被奶奶打。

紧接着，妹妹的出生让小归的生活“雪上加霜”。由于家里条件不宽裕，父母在给她买衣服时，总是想着买以后妹妹也能穿的。但小归的骨架比较大，妹妹的骨架比较小，所以妈妈每次给小归买衣服总是采取折中策略，买小归穿起来有点紧的衣服。于是，从妹妹出生到小归上大学前，小归穿的衣服全都是偏紧的，这一度让她对自己的身材感到自卑。

长期被忽视，也就是“被重视”的需求长期被压抑。一次次期望被重视却得不到满足，这种被压抑的愤怒，使得小归的情绪保护功能，把“被忽略”和“愤怒”这两种情绪绑在了一起，形成了“被忽视”的情绪按钮。一旦在亲密关系中体验到了被忽略，她就会把在成长过程中潜意识拿小本本一笔一笔记下来的对养育者的愤怒，全部发泄到伴侣身上。

情绪按钮从形成过程上分为两类，一类是前面这种长期压抑的需求形成的情绪按钮，另一类是创伤体验形成的情绪按钮。

有次奶奶带小归和弟弟一起出去玩，遇见了卖糖葫芦的摊子。弟弟想吃糖葫芦，小归兴奋地说自己也要吃。结果奶奶只给弟弟买了一串糖葫芦，弟弟趴在奶奶背上开开心心地吃着，偶尔还会开心地回头看看小归。小归很生气，就跳上去把弟弟的糖葫芦抢了。弟弟马上大哭起来，奶奶回头看到小归抢了糖葫芦，立马抢了回来还给弟弟。小归当即大喊“我也要吃！我也要吃！”，奶奶不仅没有给她买，还打了她脑袋，狠狠地瞪着她说，她不听话就把她卖去做乞丐。

小归回家后，躲到隔壁巷子里哭了很久。她没跟家里任何人提起这件事，因为就算说出来，大人们也只会说“姐姐得让着弟弟”。到时候不仅没办法尽情地哭，还会被责怪不懂事。

这件事就是一个创伤体验形成的被忽视的情绪按钮，“被忽略”和委屈的情绪绑在了一起。小归刚参加工作时，就被触发过这个情绪按钮。有次公司聚餐，人事和主管都以为对方通知了小归，所以双方都没有通知她。隔天她得知公司聚餐后，当即情绪无法自控地哭了起来。后来同事陪着她去茶水间哭了十几分钟才缓过来。

无论是需求压抑的情绪按钮，还是创伤体验造成的情绪按钮，在亲密关系中被触碰时，都会让身边的人茫然无措，不知道如何处理这些情绪。对于有这些情绪按钮的人的伴侣来说，他们甚至有可能被吓到，从而影响双方的关系。

探寻情绪按钮和放松训练

情绪按钮这种情绪功能，是一种较为原始的保护功能，期望通过ABC等认知疗法来缓解这种情绪，往往收效甚微。

人的大脑可以分为三部分：中央核、边缘系统和大脑皮层。中央核是最原始的脑区，主管呼吸、心跳、血压、睡眠、反射、饥渴、性动机等大部分活着的动物必须有的这些功能。边缘系统是在中央核的基础上进化出来的，是哺乳动物共有的脑区，主管形成记忆、启动自我保护性情绪、理解同类面部情绪等这些哺乳动物才有的功能。大脑皮层则是最晚进化出来，是以人为典型代表的一众高级哺乳动物如灵长目、海豚科、犬科、猫科才拥有的较为发达的脑区，主管对思维、想象、语言、记忆和情绪进行加工的功能。

三部分脑区在进化时间上的先后顺序分别为中央核—边缘系统—大脑皮层。

因此，想用认知疗法处理情绪按钮，就是想让后进化的大脑皮层控制隶属于先进化的边缘系统的自我保护情绪功能。下级管上级，几乎是行不通的。

因此，要想削弱情绪按钮的影响，应该直接从改变情绪或者身体反应着手，具体分为两步：探寻情绪按钮和放松训练。

前面讲“情绪付诸行动”里的“情绪表达”时，提到过一个训练——“情绪记录”。要探寻情绪按钮，需要情绪记录帮忙。至少进行两周的情绪记录，然后从中总结以下内容：最常有情绪的地点、最常有情绪的时间、最常有情绪的对象、最常引起情绪的他人言行。这些线索能够帮你找到最容易被触发的情绪按钮，也能让你在情绪按钮未削弱前，尽量避免自己的情绪按钮被触发。

如果你最常有情绪的地点是办公室（提示跟“能力”或“控制”相关的情绪）、最常有情绪的时间是睡前（焦虑难入眠，抑郁易早醒，提示可能存在焦虑）、最常有情绪的对象是伴侣（伴侣是内在矛盾的牺牲品，提示内在有冲突）、最常引起情绪的他人言行是别人的否定（提示跟“否定”相关的情绪）。综合上述内容，就可以大概确定你存在“被否定”的情绪按钮，在工作中，这个按钮经常被触碰。

确定了自己的情绪按钮后，可以通过“想象产生情绪后再放松”的方式，也可以通过“被触碰情绪按钮后再放松”的方式，缓解情绪按钮被触碰后的反应。（想象训练在“情绪表达”部分提过，就是闭上眼睛，像放电影一样把脑海中画面的进度条拉回到情绪产生之前，然后让故事正常推进，体验情绪的产生、积蓄、爆发、消退。）

放松的方式主要有三种：眼动脱敏、肌肉放松和腹式呼吸。

眼动脱敏，就是在有情绪的时候转动眼球。如果独自进行，可以把注意力放在钟摆、雨刷等来回移动的物体上。眼动脱敏主要是针对创伤事件导致的闪回等闯入性的思绪、声音、画面、想法等，能够起到缓解负面情绪的作用。

肌肉放松，是有序地收紧再放松肌肉。如从眉部开始，先收紧再放松。到鼻子、嘴巴、脸颊、下巴、脖子、肩膀、上臂、下臂、手掌、手指、手掌、下臂、上臂、肩膀、胸部、腹部、背部、臀部、大腿、小腿、脚，逐一收紧再放松。肌肉放松训练能起到缓解紧张情绪的作用。

腹式呼吸，是先把手放到肚脐下方，用鼻子吸气，然后把空气下沉到腹部，以肚脐下方的手感受到肚子变鼓为完成吸入标志。接着用鼻和嘴巴呼气，呼吸频率可以按照自己舒服的速度来。但要注意，原先的情绪如果比较激动的话，呼吸频率要尽可能放慢；原先的情绪如果比较抑郁、低落的话，呼吸频率则要尽可能加快。腹式呼吸可以通过调节心跳频率，调整身体体验到的情绪幅度。

上述三种放松训练，都可以在情绪按钮被触碰或情绪激动的时候，通过缓解身体反应从而缓解情绪。任选一种自己用后有效果的或三种都用皆可。要想效果更好，建议寻求心理咨询，在咨询师的标准引导下完成放松训练的设计和进行。

要削弱情绪按钮的影响，就像给一条河流改道，每一次成功缓解情绪按钮被触发带来的负面情绪，就相当于将原有的河道往我们期望改道的方向拓开了一点。要想成功将情绪按钮带来的情绪削弱到自己可控的范围内，就必须持之以恒地进行放松训练，切勿因为几次练习后没有明显效果就放弃。质变的前提，是由足够的行为次数累积的量变。

第四部分

世界一直在犒赏那些
用高情绪价值滋养他人的人
——修炼高情绪价值的四个心法

无论是在家里还是在公司，我们应该都有过这样的感受：不同的人进入你周围的空间，会给你带来截然不同的感觉。

有的人一到公司你就会感到压抑，有的人一到公司你就会觉得轻松。有的人一回家你就会感到开心，而有的人回家会让你感到烦躁。这些现象固然受你们本身关系好坏和现实利益一致性高低的影响，但更关键的是对方本身的情绪价值高低不同。

一个有抑郁症的人，Ta的情绪价值一般会比乐观的人低；一个总把生活弄得一团糟的人，Ta的情绪价值一般会比生活有条理的人低；一个习惯从对立角度理解世界的人，Ta的情绪价值一般会比习惯从建立联系的角度理解世界的人低。

情绪价值的高低，受技巧层面、认知层面、潜意识层面的影响。但在我们的日常生活中，情绪价值的高低，更多是由我们这个人本身的生活状态决定的。你是一个什么样的人，你处于怎样的生活状态中，决定了你有什么样的情绪价值。

第十四章

乐观的积极关注能力：发现世界的美

想象一下，你跟两个朋友出去旅游，因为忘记带伞，三个人都淋了雨。

此时一个人说："哎呀，真晦气！明天一定会感冒！"另一个人说："你们有没有发现，这边雨水的味道比我们那边的要清新得多？"觉察一下二者给你带来的感受区别。

再想象一下，有个朋友因为打球腿骨折了，打着石膏躺在医院的床上。你和另外两个小伙伴去看他。

一个朋友说："真替你着急，这段时间耽误的工作可怎么办？"另一个朋友说："哈哈哈，真羡慕你能提前享受退休后衣来伸手、饭来张口的惬意生活！"觉察一下二者给你带来的感受区别。

又或者，你做着一份自己并不满意又忙碌的工作，煎熬忍耐一年后，终于忍不住炒了老板鱿鱼，潇洒离去。

此时你的父母说："就你这臭脾气，多大人了还是改不掉，看你以后还得吃多少亏！"而你的伴侣说："你这决定太及时了！我终于不用再当你的情绪垃圾桶了。走走走，晚上吃大餐给我庆祝一下！"再觉察一下这两种表达方式给你带来的感受区别。

这三个例子里，第一种表达都是在制造焦虑、紧迫感、危机感这些消极体验。第二种表达则都是在制造愉悦、轻松、欢乐这些积极体验。二者之所以存在这种明显区别，原因就在于表达者是积极关注还是消极关注。

积极的人，大都能够从乐观的角度去看待事情，就算情况真的很糟糕，他们也能够从中找到值得让自己一乐的事情，典型代表人物就是北宋的苏东坡。

正值壮年的苏东坡由于“乌台诗案”被贬官。随后的20年间，虽偶有被召回，但他基本上一直走在被贬谪的路上。他62岁时被贬到海南，那时的海南原始、落后，很多官员宁愿掉脑袋也不肯去海南。在被贬官的这段时间，苏东坡却留下了很多可以激励逆境中人的事迹。

被贬到黄州时，他穷到吃不上羊肉，就拿当时没什么人吃的腥臊的猪肉发明了东坡肉。到惠州他又生出感叹：这里的水果好吃！如果可以一天吃几百颗荔枝的话，就哪儿都不想去了。到了海南，只有芋头、蝙蝠、老鼠可以吃，他就自己发明了酒煮蚝、烤生蚝这些烹饪方法，还写信把烹饪方法告诉儿子苏过，并在信里开玩笑地叮嘱儿子，不要让北方京城里那些官员知道，要不然他们会争着被贬到海南来跟他抢生蚝吃。

尽管被贬，苏东坡依然是宋朝的官员，所以他一路被贬，也一路造福一方百姓。在杭州，他筑西湖堤。在儋州，他教化当地土著，还教出了海南第一个举人姜唐佐。每到一处，他都能从具体的大事小情上着手，为百姓谋利。

尽管我们很难做到像苏东坡一样，虽满腹经纶和治国之策不被认可，却依然笑对人生，在身后留下这么多菜谱和政绩。但他这种积极关注和为所当为的生活态度，却很值得我们学习。

积极的人和消极的人最主要的区别就在于习惯把注意力放在哪里。

消极的人会更多地把注意力放到糟糕的事物，以及不在自己控制范围内的事情上，还会美其名曰自己有危机意识。这样做能否避免以后的危机我们暂时不清楚，但当下的生活状态变糟糕却是必然的。

积极的人则会把注意力放到能让自己心情愉悦的事情，以及在自己掌控范围内的事情上。把握当下，为所当为。以苏东坡为例，我们来举例对比一下，积极的人和消极的人会如何管理自己的注意力。

消极的人关注什么	积极的人关注什么
为什么我这种人才不被重用？（控制范围外）	怎么培养眼下这些语言不通的原始土著，让他们生活得更好？（控制范围内）
时局如此，小人当道，国家怎么办？百姓怎么办？未来会如何？（控制范围外）	眼前辖区内的灾民该怎么安置？怎样合理疏浚西湖？（控制范围内）
没钱买羊肉了→做官做到如此落魄（糟糕事物、控制范围外）	没钱买羊肉了→什么菜比较好吃？（积极事物，控制范围内）
海南土著顿顿吃芋头、老鼠、蝙蝠（糟糕事物）	海里的东西好像可以吃，我来研究看看（积极事物）

消极的人经常围着消极的事情打转，思考自己掌控不了的问题，结果就是持续地感受到生活的不如意和世界的恶意。而积极的人就算遭遇了不如意的情况，也会很快把注意力转移到事情积极的一面。在日常生活中，他们还会刻意把注意力约束在自己可以影响的范围内，避免自己体验到过多的失控感和无力感。

如果你是个容易消极的人，这里我给出三个可以让你的日常状态更积极的方法。

消极思维调整训练

第一个方法是思维调整。当自己的状态消极时，按照如下顺序问自己：

①你是因为什么事情不开心？

②这件事情在你的控制范围内吗？

是或部分是的话，进入下一题。不是的话，直接放弃对这件事的关注，做好应对最糟结果的准备后，顺其自然。

③从对方的角度出发，你如何做会让对方更可能配合你，达到你的预期呢？

④如果未能达到你的预期，会有什么糟糕的事情发生呢？

⑤为了避免这些糟糕事情的发生，你现在有什么别的选择？

⑥现在你能做什么让自己开心起来呢？

如果你希望伴侣更上进，但对方不配合，下了班就只想逗猫、养龟、玩游戏，你因此觉得很生气，也很委屈。我们来做一下思维调整的练习。

①你是因为什么事情不开心？

我的伴侣不听我的，不愿按我说的把下班后的时间用来学习和提升技能。（事件需要说出具体的人物和这个人做或没做什么。）

②这件事情在你的控制范围内吗？

部分是。

③从对方的角度出发，你如何做会让对方更可能配合你，达到你的预期呢？

通过我自己的上进让他感受到压力；通过提醒他未来要面对的经济压力，让他意识到需要上进。

④如果未能达成你的预期，会有什么糟糕的事情发生呢？

可能会导致他的收入增长困难，以后房贷、车贷和孩子会让我们的生活压力很大。

⑤为了避免这些糟糕事情的发生，你现在有什么别的选择？

拼命赚钱，存钱；晚点买房或不买房；晚点生孩子或不生；换个上进的对象。

⑥现在你能做什么让自己开心起来呢？

洗澡放松，然后美美地睡一觉。

通过思考上述问题，能够让你明晰自己的控制范围，并找到自己控制范围内可以做的规避糟糕未来的方法。把注意力集中到控制范围内，通过改变自己、最大化自己的影响力，进而影响他人。

感恩日记

第二个方法是写感恩日记。

感恩日记的内容很简单，一是日期，二是感谢对象，三是感谢的事情。

比如：

6月29日，感谢同事午休的时候替我把文档检查了一遍。

6月30日，感谢老公早上起床的时候轻手轻脚地怕吵醒我。

感谢的对象可以是伴侣、家人、朋友、同事，也可以是一个偶然遇到的陌生人，甚至可以是无生命的物体。只要能让你体验到积极情绪的，你都可以记录下来。你甚至可以感谢街边的小野花让你心情舒畅。

你写感恩日记的次数越多，你的心理状态便会越积极，身边的人、事、物在你眼中也会变得更加美好。而你的这种感恩的状态，对于他人的付出行为，就是最便捷也最有效的正强化，能够引导他人更乐意对你好。

此外，经常保持感恩的状态，还能让你的伴侣因此产生让自己变得更好的意愿。比如，由于你经常记录他为了小家庭奋斗的行为、对你好的行为、委屈自己承担责任的行为，所以他在你眼里是一个上进、体贴又有责任心的男人。但事实上，他也经常粗心，而且没什么志向。可你坚定不移地相信这个拥有前面提到的美好品质的人才是真正的他，那他自然也会努力让自己变成你所期待的那样。

拍下愉悦瞬间

第三个方法跟第二个类似，但操作起来更简单：**每天至少拍一张让自己心情愉悦的瞬间的照片，数量上不封顶。**

当你点了外卖，打开后发现分量满满很开心；当你出门时看到蓝天白云，宛如Windows背景图一样完美；当你看到路边认真舔舐自己的可爱猫咪……请把这些瞬间拍下来。

注意力是我们大脑的稀缺资源，外界的各种声音、颜色、图案、纹理、明暗、气味、温度等感觉信息，无时无刻不在涌入我们身体的各种感受器官，所以我们的大脑会通过信息过滤器，把我们的注意力放到对当下的自己来说有价值的信息上。比如，在嘈杂的餐厅里，你跟伴侣在吃饭聊天，那周围的杂音或背景音乐都会被你过滤掉，你的注意力会放在伴侣说的话上，这就是信息过滤器起到的作用——屏蔽与当下无关的信息。如果在此时，附近的人聊天时提到了你的名字，你的注意力就会瞬间从伴侣这里转移到对方身上，这也是信息过滤器的作用——对“无用”信息按重要性高低排列被筛选顺序。由于名字跟你个人的相关性很强，这类信息过于重要，所以几乎无论在什么场合，无论我们在干什么，当听到有人叫我们的名字时，我们的注意力都会被吸引过去。

给我们的日常增加这样一个拍照的小任务，就是在训练我们的信息过滤器，让它提高与美好事物相关的信息的优先级，让我们的注意力在面对杂乱无章的世界时，优先抽取其中美好事物的相关信息，这样我们就不会一直埋头于日常琐碎的事物和让人烦恼的问题中，而会看到更多美好的令人愉悦的信息。

第十五章

合理承担责任的课题分离能力：减少人生中的诸多烦恼

我们工作中应该都遇到过这样两类截然相反的领导。一类是新官上任三把火，为了体现自己的存在感和权威，会定下很多不考虑一线具体情况的新规矩。结果就是，领导张张嘴，员工跑断腿。整个部门的工作秩序被弄得一团糟，人心思变。还有另一类领导，他们擅长收拾“烂摊子”，就算接手工作时面对的情况是员工离职率高、企业客户投诉多、部门之间矛盾重重，他们也能有条不紊地把情况捋清楚，然后让所有人各得其位、各司其职。

生活中我们应该也遇到过两类亲戚。一类是热心坏事型，你遇到点问题让这类人知道了，他们就会去找亲戚A、B、C把事都说了，而且替你向他们求助，之后A和B都想来帮你解决问题。你其实有自己的想法，但不想辜负A和B的好意，而且更麻烦的是A和B的主张也不同，结果就是你不仅要解决自己原先的那个问题，还要思考怎么在A和B之间周旋和沟通，而一开始的那个热心的亲戚还在等你的感谢，麻烦事更多了。而另一类亲戚，则是进退有据型，这类人知道你遇到问题时会主动询问具体情况，并表明自己能提供的帮助，但没得到你确定的表态前不会去执行。无法提供具体帮助的话，这类人也会帮你把问题捋清楚，提出参考意见，但不会把自己的判断强加到你身上。

有的人能够把一团糟的乱局打理得井井有条，让所有人各司其职；也有的人能够把一件小事搅和成让全家鸡犬不宁的大事。这二者的区别，就在于课题分离能力的强弱。

划分课题：分清楚哪些事情归谁管

课题分离，是个体心理学派创始人阿德勒提出的概念，意思是人想要减少烦恼，就需要分清楚哪些课题属于自己，哪些课题属于别人。

用三个问题概括课题分离，就是：什么是你的事情？什么是我的事情？什么是老天爷的事情？

如上例中，乱管理的领导过度介入一线员工的具体工作，这是把员工的课题抢到了自己手里，而自己作为管理者应该做的详细调查和谨慎决策却没做到，这就是把自己的课题抛给了老天爷，所以自然越“管理”，团队越混乱。

运筹帷幄的领导做的事情也很简单，就是让事情该归谁管就归谁管，彼此之间不过度介入，大家就能通力配合。

热心办坏事的亲戚主动帮你向其他人求助，初衷当然是好的，却过度介入了你的课题，容易给你带来更多问题。而进退有据的亲戚则是关心但不主动介入你的课题，自然会让你感到被支持、被尊重。

课题分离的处事思路可以总结为三段话：

你的课题是你的事情，我尊重你，信任你。

我的课题是我的事情，我自己先努力做到满分，你的建议我会考虑。

老天爷的课题是老天爷的事情，我做好最坏打算，顺其自然。

不为他人的课题折磨自己

最需要学习课题分离思路的，是讨好型的人。

我们上一辈的家庭主妇，大都是讨好型的人，由于太重视其他家庭成员的需求，所以她们什么事情都大包大揽抢着干，催孩子写作业、叮嘱老公戒烟限酒等。

因为太重视他人的需要，所以过度付出，过度付出后没精力照顾自己，就感到疲惫、委屈，就会冲身边的人抱怨、诉苦、发脾气。结果就是讨好型的人既委屈自己去满足别人的需求，又得不到半句好话，大家都只会嫌弃讨好型的人负能量太多、管得太多。

事实上，孩子不写作业，到了学校有老师管教，学习成绩差自然在班里没面子，这些不好的后果都是由孩子首先承担的，所以孩子才是“写作业”这件事的第一责任人。老公抽烟喝酒，首先伤害的是他自己的身体，其次是影响家里人，所以老公才是戒烟限酒这件事的第一责任人。

这么厘清一下课题，我们就会发现，这个家庭主妇要想生活得舒心一点，关键是放下替家人承担责任的执念，不把疲惫、脆弱的自己投射到他们身上，对他们照顾自己的能力有信心。空下来的时间和精力，就拿来让自己放松开心，“让自己开心”才是讨好型的人最应该处理的课题。

在拒绝他人时也可以运用课题分离的思路。讨好型的人总是会想：“拒绝了Ta的话，Ta一定很伤心，而且Ta已经这么难了，不帮Ta，Ta怎么办？”是的，Ta会很伤心，而且Ta的现状确实很艰难，但“拒绝不拒绝”是你的课题，“伤心不伤心”“现状艰不艰难”是对方的课题，你只能管好自己该管的事情，你感受上想拒绝对方，那就拒绝。

提要求的时候也可以运用课题分离思路。讨好型的人会想：“对方会不会觉得被冒犯了？会不会觉得我不尊重Ta？”但同理，“提不提要求”是你的课题，“会不会觉得被冒犯，不被尊重”则是对方的课题，你只能在尽量考虑对方感受后提出要求，而无法控制对方对你的印象和评价。

吵架的时候也可以运用课题分离思路。讨好型的人会想：“我都这么累、这么难受了，Ta居然都不关心我！”其中，“我累、我难受”是你的课题，“Ta不关心我”是对方的课题，你只能负责缓和自身感受，而管不了对方是否主动关心你。

每个人的精力都是有限的，管了太多不该管的事，替太多人承担了他们的责任，会让自己变得疲惫不堪，还会经常体验到失控的焦虑感。对方会觉得内疚或感恩吗？大概率不会。一方面，讨好型的人过度付出后的怨气会抵消对方大部分内疚和感恩；另一方面，能这样要求别人一直替自己承担责任的人，是不太可能反省是否应该自己承担责任的。

适度承担：按责任主次承担课题

上述是课题分离的思路及在生活中的运用，但不得不承认，对于大部分中国人来说，要做到完全的课题分离是不现实的。

人是需要关系的，人是有感情的，爱一个人会不由自主地想为对方的人生减负，在注重传统道德人伦的中国尤其如此。中国人是含蓄的，中国的父母很少会对孩子说“我爱你”，但这种违背课题分离思路的互相逾越边界去照顾、操心的行为，谁又能说不是爱的一种表达形式呢？而且从现实条件来说，一旦生育了下一代，需要父母帮忙照顾婴儿的我们更不可能做到课题分离。

因此，**我们不需要做到完全的课题分离，但可以借鉴课题分离的思路，给每份责任划分不同优先级的责任人，为自己的人生适当减负。**

凡事都有第一责任人，并非第一责任人却硬要对事情负责，就会让第一责任人感受到被过度干涉。反之，自己是第一责任人，却把事情的决定权交给他人，就会让他人承担过多责任。同时，如果你是第一责任人，你也需要考虑第二、第三责任人的利益和感受。

比如，选择工作时，是考公务员还是去私企，你是第一责任人，因为这对你的影响最大。同时，你的伴侣也会因为你的工作受到影响，所以伴侣是第二责任人。此外，你的工作收入会影响父母的经济压力和养老质量，所以父母是第三责任人。或者再进一步，你的收入和工作类型会影响分摊父母养老成本的兄弟姐妹的利益，所以兄弟姐妹是第四责任人。合理的课题分离，是你需要优先考虑自己的想法和感受，其次需要考虑跟你一起生活的伴侣的利益和感受，再兼而考虑父母的感受。如果还有精力，再考虑兄弟姐妹的利益和感受。

又比如孩子的学习，这件事孩子是第一责任人，学习成果好坏首先由孩子承担。父母是第二责任人，既是由于孩子自控力差需要父母多叮嘱，又是由于孩子的成绩会影响父母以后需要投入的教育成本，甚至影响以后的养老质量。尽管孩子和父母的关系很亲密，但父母也不能在学习上表现得比孩子更上心，否则孩子会有种为了父母而学习的感觉，会让孩子内心徒增冲突：学习就会丧失独立性，成了父母的傀儡；要独立就得以不学习作为对抗，但成绩会变差。

当然，父母作为第二责任人，可以用别的方式在孩子的学习上助力，比如搬到更重视教育的城市或地区，让孩子所处的学校环境给孩子带来正确的反馈和必要的帮助，通过好的环境塑造孩子好的学习习惯并激发其学习动机。父母不能把孩子扔在一所以学习为耻的有不良校风的学校，然后天天逼孩子学习，这样就是把该处理的课题（给孩子提供好的学校环境）扔给老天听天由命，把不该处理的课题（孩子学习）紧紧攥住不放。

第十六章

开放的接纳能力：控制不会带来改变，但爱和接纳会

婚姻里这类场景应该很常见，妻子抱怨丈夫不主动做家务还经常添乱，丈夫抱怨妻子情绪化不讲道理。我们往往会觉得自己是对的，希望对方能够配合自己做出改变，结果却只是徒增矛盾。

在婚姻里，改变对方为什么这么难呢？

答案在于，我们体验爱的重要方式之一，就是感受到被接纳。

比如，你和老公吵架，他在你体验到委屈的时候，要求你不能情绪化，得理智地跟他沟通。显然，你不仅会体验到委屈，还会由于他对你委屈情绪的不接纳，而感受到更强烈的委屈情绪。结果就是，你变得更加情绪化。

同理，你想要改变他，从对方的角度来说，他体验到的也是自己不被你所接纳。因此，他为了体验到被接纳，只会更加坚定地拒绝改变。

所以，如果你问我如何改变伴侣一些不好的行为习惯，答案就是，放弃改变Ta的愿望，接纳对方。

你越是想改变Ta，问题越得不到解决。当你放弃改变Ta，开始接纳Ta，Ta反而会由于你给Ta创造了一个宽松、接纳的环境，愿意为了你做出改变。

控制不会带来改变，但爱和接纳会。

接纳并非一件容易的事情，对于大部分人来说，生活中有太多自己无法接受的事情，光是应付这些难题给自己带来的焦虑、恐惧、抑郁、愤怒，就已经筋疲力尽了，很难再有多余的空间去包容和接纳伴侣身上那些让自己不舒服的行为。所以本小节，我们就了解一下如何提升接纳能力，拓宽自己对整个世界的包容度，那我们对伴侣的态度也会更加宽容。

接纳差异的存在，放下对“应该”的执着

“我们在一起都三年了，他应该明白我需要什么呀！”

“我从大学和他在一起，走到今天，他拿更多彩礼不是应该的吗？”

“他是男人，多做点事情不是应该的吗？”

所有“应该”的想法，都是自恋思维在作祟，误以为别人的想法跟自己的想法是高度一致的，误以为别人都必须保护自己的利益。

事实上，男女双方的生理结构不一样，内分泌系统和大脑结构也不一样，成长经历更是不一样，当下面对的人生课题还是不一样，面对同一件事考虑的角度和重视的利益不一样，有这么多不一样的地方，要是双方的观点一致，那才是怪事。

喜欢改造伴侣的人，很追求那种步调一致、思想统一的亲密感，但老天爷创造这么多不同类型的人出来，不是让你们互相改造折磨对方的，而是让你们配合好一起过日子的。细心有体贴他人、做事周到的好处，粗心有为人豁达、处事抓大放小的好处；责任心强有踏实可靠的稳定感，责任心弱有自由洒脱的快乐；乐观的人积极开朗，悲观的人未雨绸缪。与其把差异变成分歧再变成矛盾，不如接纳双方的巨大差异，用沟通去弥补差异造成的互不理解，在说出“你应该×××”的话试图控制对方之前，先耐心且平静地询问对方“我想知道你为什么×××”，然后尝试站在对方的立场理解对方，并尊重对方的选择，而不是一遍又一遍换着角度地论述“我为什么是对的”“你为什么应该听我的”。

感情里没有太多应不应该，更多的是愿不愿意。你是对的，Ta不一定愿意听你的，但你让Ta感受到爱了，Ta大概率是愿意听的。

接纳不美好的存在

我在一篇文章中提到过一个精神分析的观点，即“所有的母亲都对自己的孩子存在恨意”，结果遭到很多女性尤其是母亲读者的强烈批评，说我污蔑了伟大的母爱。

事实上，我只是说了一个理论上成立的观点，之所以会激起这些人这么强烈的愤怒，其实就是由于不接纳。这些人无法接纳自己可能确实对孩子怀有恨意，这破坏了她们对于自己美好母亲形象的想象。因此，对于所有提醒她们这一点的观点，她们都要发动猛烈的攻击，确保这些观点不会把她们努力压抑的恨意撩拨上来。这个过程叫“反向形成”：内心有过多恨意，且不接纳这种恨意，所以反而会表现出过度的爱意来掩盖自己的恨。

等到我自己也为人母了，我深切地感受到，上面这个精神分析的观点确实是对的。我吸奶、温奶、放益生菌，结果哄了他十来分钟他都不喝。等过了半小时，奶倒掉了，奶瓶洗完、消毒完，我躺下准备睡觉，他饿得哇哇哭的时候，别说恨意了，要不是看他现在小，我都想叫他起来打一架。类似的情况还有很多，比如刚给他洗完澡，穿上干净的衣服，结果不到半小时他就拉屎溢出纸尿裤，沾得衣服上都是，或者吐一大口奶，湿了大半个身子和被单，他自己还躺在那里傻笑。在你心力交瘁的情况下，你很难没有恨意。

我接纳自己对他可能有恨意，没有强迫自己做到百分之百爱他，所以我对自己的行为会持一种更审慎的态度，能避免自己做出恨意过强的行为，最多有时轻咬一下他胖嘟嘟的手臂和大腿出出气。反之，那些认定自己百分之百爱孩子的母亲，大都很容易以爱之名，行伤害孩子之实，比如冲婴儿大吼大叫，发泄情绪，伤害Ta后合理化为“是因为Ta不听话需要管教”“我这都是为了Ta好”。

这个世界有很多不美好的东西存在，人喜新厌旧、好逸恶劳、自私、功利等，这些不美好的东西，无论你接不接纳，它们都在你我心中。区别只在于，接纳这些不美好存在的话，你能够警惕地看着这些不美好是如何影响你的现实关系的，进而可以尽你所能去调整现实。一个不美好的事物，并不会因为你不去看它，它就失去影响力。期望自己在态度和行为上拒绝关注、了解一个事物，这个事物就影响不到你，是掩耳盗铃的无用行径。接纳这个世界上有很多不美好的事物，包括自己身上也有，不带分别心地去了解这些不美好的事物是如何影响自己和伴侣的，才能让你的行为和感情更可控。

接纳变化的存在

很多人对感情维护会有一些美好想象，以为只要把感情里的某些问题解决了，从此就可以高枕无忧地享受亲密关系了。又或者在一切进展良好时，理所当然地觉得感情就应该一直这样好下去。又或者从伴侣那里得到了口头承诺或书面承诺，就觉得问题解决了。但残酷的现实告诉我们，这个世界唯一不变的，就是时刻在变化。

你自以为和伴侣亲密无间，可能突然就发现彼此生疏或对方变心了；好不容易让对方学会怎么对自己好，可过不了两天Ta又打回原形了；对天发誓立下的誓言可能不到一星期就违背了……感情里的挑战总是一个接着一个。

如果你对感情和生活有不切实际的想象，那面临挑战的时候，你往往会陷入否认的防御机制，抗拒接受现实，只想让对方快点去承担改变现状的责任，而不可能采取有效行动改变现实。

比如发现伴侣跟异性聊天的内容有点暧昧之后，你满脑子都在想“怎么可能？”，然后冲对方吼叫，要求对方给你一个以后永远不跟异性暧昧聊天的保证，要求对方为你由于现实可能存在变化而惴惴不安的情绪买单。

比如，你叮嘱对方每次出门都带把伞，对方满口答应，结果还是没带，害得你们得淋雨去停车场。你满脑子都是“他怎么可以这样无视我的嘱咐！”，然后要求对方必须道歉。

比如，之前伴侣答应不再跟朋友出去喝酒，结果下班后还是去了，你满脑子都是“他说话不算数！”，然后伤心不已地觉得对方欺骗了你，需要对方道歉并哄你。

无法接纳变化的人，面对变化时的原则是：“你给我变回去！”那能接纳变化的人面对这些事情时，会怎么做呢？

发现伴侣跟异性聊天，会生气、焦虑，但会跟对方探讨，是因为两个人在一起久了，他需要新鲜感调剂（“那我就需要从外形和生活上制造点变化”），还是从他的角度看这种聊天不算是暧昧（“那我们需要针对暧昧的定义达成共识”），或者是他对目前的关系并不是很重视，有分手的冲动（“那我需要撤回付出，让他感受到我的价值”）。

伴侣没按自己的叮嘱带伞，也会生气，只是会跟对方探讨，是对方没包不好带伞（“那考虑给他买个包”），还是这个习惯比较难养成（“将那把伞挂在门口，或者干脆我自己带”），抑或是对方觉得大男人带伞丢人（“那问他是希望买个包还是我自己带”）。

伴侣下班违背承诺跟同事去喝酒，自己还是会生气，但会跟对方探讨，是人情往来不好推辞（“那就相对少喝几次而不完全禁止”），还是本身喜欢喝酒解压（“那就在家里喝”），抑或是喜欢喝酒后吹牛的那种气氛（“那就少喝一点，多吹牛”）。

能接纳变化的人，面对变化时的原则是“我研究下要怎么跟着变”，就事论事，顺势而为，尽己所能，但求无悔。

伴侣的人格越不完善，状态和行为就会越不稳定，感情面临的挑战和变化就会越多，需要你有足够强的接纳能力，通过自己的稳定状态去影响对方，促使对方也变得更稳定。（但这样是在伤害自己，而伤害自己绝非亲密关系的应有之义，所以可以通过这种方式去疗愈伴侣，如果伴侣并不因此产生改变自己的意愿，而只是消耗你，那离开或劝对方寻求咨询师帮助，才是你应该做的。）

如果你自己本身是个完全无法接纳变化的人，进而导致你的状态和行为不稳定，并影响到关系，那建议你寻求咨询师帮助，不要消耗伴侣、消耗感情。

接纳自己的无能为力

生活里，有很多人，我们喜欢却不能拥有；人生中，有很多事，我们想做却无能为力；生命中，有很多诱惑，我们欲求却不能接近。世界上有太多事，我们无力改变。可现实生活中，有些人偏偏操心过度，非要干涉自己改变不了的事情。

比如，有的人会由于自己的伴侣不是处男/处女而痛苦，有的人会由于伴侣有前任或有婚史而痛苦，有的人会由于自己不是处男/处女或有前任婚史而痛苦。

这些人的共同点是无法接纳过去已经发生的事。他们因为无法改变过去，所以痛苦。

比如，有的人会由于自己经常产生不良情绪而痛苦，有的人会由于失眠而痛苦，有的人会由于自己有龌龊的想法而痛苦。

这些人的共同点是无法接纳自己的思想有自己的运行节奏，期望自己是个有开关的机器人，不会胡思乱想。

还有的人会由于孩子不听话而痛苦，有的人会由于伴侣不重视自己的意见而痛苦。

这些人的共同点是，无法接纳他人是跟自己一样有独立思维的平等个体，期望他人都是没有思想、没有感情的工具，任由自己指挥差遣。

我们的控制范围是很有限的，控制不了未来，控制不了过去，控制不了他人，控制不了自己，只能控制当下自己的一小部分行为、思维和情绪。除此之外，其他东西都在控制范围外。意识到很多人、事、物在自己的控制范围外，会挫伤我们的自恋，让我们感受到无力。但是，这种无力感是我们需要接纳的，接纳我们只是一个普通人，可能尽了全力也没法让所有事情都按预期发展，能做到“听天命”的豁达坦然，我们才敢拼尽全力地“尽人事”。

接纳能力是一种需要修炼一辈子的没有终点的能力。你越是能接纳世间的一切，你的见识就越广，格局就越大。

第十七章

宜人的合作能力：让矛盾丧失攻击性

合作能力强的人，能够协调利益有矛盾的多方，最终达成合作；合作能力差的人，即使只是两个人谈恋爱，也会天天吵架。

找我做咨询的人，大都是感情和婚姻有了明显问题的人。在咨询过程中，我能明显地感受到，感情中被放弃的那一方，一般都是合作能力很弱的人。

比如，我会通过不断提问，试图引导他们意识到自身非黑即白思维的荒谬所在。但他们的反馈经常是：你不正面回答我的问题，是在故意浪费我的咨询时间吗？

这类人不太能理解别人为什么做一件事的时候，就会启动负面诠释，把对方的动机往坏了想，让对方被迫花更多时间和精力解释自己每个行为的动机。

比如，我发了一个课程给他们，过了两天问他们学习得如何，他们的反馈经常是：我觉得这个课程不怎么好，不适合我，而且里面的观点都没有注明出处，不知道该不该听。

当别人分享一段内容后，这类人的注意力不是放在思考这对自己有什么帮助，而是通过否定，挑其中的漏洞和存疑之处，要求别人进一步证明，加大对方帮助他们的难度。

比如，我跟他们说需要他们做情绪记录，培养自己的情绪觉察能力，进而提升情绪管理能力。他们的反馈经常是：你不能直接教我怎么管理情绪吗？甚至是：你就不能直接给我爱人打个电话，劝Ta跟我和好吗？

当需要承担责任的时候，这类人经常把责任推卸给别人。

这类人习惯把伴侣的行为动机往坏了想，当伴侣出门没主动报备行程，Ta会怀疑伴侣有什么不可告人的动机，要求伴侣解释并证明自己没有做任何坏事；伴侣出门主动告诉Ta说要去哪的话，Ta又会怀疑这是欲盖弥彰，还是会要求伴侣证明自己没有做任何坏事。只要想怀疑一个人，理由可以无穷无尽，而对方自证清白的过程却会让自己身心俱疲。

伴侣发表观点后，这类人习惯挑漏洞、找问题。如果伴侣发了一篇感情维护的文章，让他们学习换位思考，他们会找到文章里的逻辑缺环和真实性存疑的部分，然后逐条反驳。他们还会找到评论区的所有差评和质疑作者的内容作为依据，发给伴侣，以此证明“我是对的，你不应该教育我”。

这类人还习惯把责任推给伴侣，所以当伴侣强调他们需要学着调整情绪时，他们会情绪化地指责伴侣不爱自己、嫌弃自己，他们会逼着伴侣当下不得不先安抚他们的情绪，而且不敢再提要求。

一段感情之所以能持续，就是由于双方能达成合作。而其中一方的合作能力越弱，对另一方的合作能力要求就越高。如上例这类合作能力弱的人的伴侣，往往（被迫）习惯以善意去解读他人行为，面对他人的意见时，也会秉承有则改之、无则加勉的原则，更愿意主动承担责任。

问题是，对方的合作能力这么强，想跟Ta合作建立关系的异性自不会少，而合作能力弱的伴侣却往往对这种风险浑然不觉，只觉得对方这样纵容自己，说明Ta爱自己爱到了骨子里，完全离不开自己。直至对方提出分手，还猝不及防地认为对方没给自己机会，太绝情。

但事实上，对方不仅给过你机会，而且给过远不止一次机会。

回想一下，每次你们争吵时，是不是都是对方在说“你需要重视我的感受、我的想法”，这就是一个信号，Ta在给出继续长期合作的机会。

只是合作能力弱的人，他们很少能看到和珍惜那些机会，更不会因此去考虑对方的感受和想法，从而调整双方的相处方式。只会固执地抱着“爱我你就该×××”的执念，一而再再而三地要求对方迁就自己，时间久了，对方就对这段投产比不合理的感情失望了。

那要怎么提升合作能力呢？我举个例子方便大家理解。

假设你是某个销售平台的售后客服，现在有一个用户找到你，要投诉你们的产品质量不好。你觉得他是故意来找碴儿的，所以和他吵起来，怀疑他是恶意诋毁你们的竞争对手。接着你偶遇产品部门的人，吐槽他们的设计不合理、生产工艺太落后，让找碴儿的人抓到了把柄，给你的工作增加了负担。接着你去找主管诉苦，抱怨售后客服的工作太难、太委屈，请求把你调到售前部门。

隔天，那个客户打了个差评，评论里附带图片，拍了产品问题和跟你沟通的聊天记录，表示这家店不仅产品不行，服务态度也差。

老板看到后，要求你去找客户沟通，处理这个差评。你打电话求客户删掉差评，客户不答应，你便恼羞成怒地威胁他说要一直打电话轰炸他的手机。

结果通话内容被录音，客户直接投诉到工商局并把录音发了过去。工商局联系了老板，老板气急，主管也说你不行，产品部门的人也吐槽你，所以老板说你要么承担赔偿损失，要么自己离职走人。

现在，换成一个有合作能力的你回到开头，重新来处理这件事。

客户来投诉你们产品的质量不好，你耐心地询问清楚，客户目前的具体诉求到底是什么，他是想退款，还是想换一件，或者纯粹就想来吐槽一下发泄怨气。假设了解到客户已经用过产品，但现在觉得太贵想退掉，所以用产品有问题这个理由来交涉。

了解了客户的需求后，你确认他对产品还算满意，就是觉得太贵，想通过交涉占点小便宜。

所以你想出了三个方案：方案一是给对方发个红包作为补

偿；方案二是给对方申请一张优惠券，下次消费可以打八折；方案三是让对方按照流程申请退款，后续让平台做出仲裁，然后给他发两张类似情况的仲裁结果。

接着你向主管报备，说这个客户用过产品想退款，而且客户确实找到了产品的瑕疵，所以你给了他三个方案选择。客户选第三个方案的话就需要主管去处理，所以你建议主管给这个客户数额更大的红包，引导他选择第一个方案，以免事情扩大。

吃饭的时候遇到了产品部门的人，你跟他们聊到这个客户提出的瑕疵问题，向他们确认这个瑕疵是行业通病还是可调整的，顺带着向他们反馈了你作为售后看到的客户对产品的主要不满，为他们的产品调整提供参考。

这整个过程就是运用合作能力化解矛盾的过程。

第一个合作能力弱的你处理客户矛盾时，是把自己和客户之间的矛盾扩大化，且波及产品部门、上级主管、老板、工商局。

第二个合作能力强的你处理客户矛盾时，是把自己和客户之间的矛盾尽量限制在小范围内，将“你对我有不满”转化成“我帮你实现你的诉求”，跟用户建立合作关系。对待上级，可能有风险的事情你自行处理但及时报备，并给出自己的建议，所以跟上级主管也是合作关系。对待产品部门，你向他们学习，同时也提供对他们可能有帮助的用户反馈信息，给他们作为调研参考，也是合作关系。

那么，要怎么把自己从“合作能力弱的你”变成“合作能力强的你”呢？

看到他人敌意背后的脆弱和内心冲突

上面例子里这个投诉的客户，表面上是敌意满满地来投诉，其实内心很纠结，用产品的话觉得太贵，亏了，想把钱要回来又觉得不够理直气壮，所以才需要装得对产品特别不满并要求退款。这种情况下，只要忽略对方的敌意，始终围绕澄清对方的具体诉求去沟通，就能够找到对方的真正需求是什么，进而通过满足其需要实现合作关系。

同理，在亲密关系里，在双方有矛盾时，应该先忽略对方的敌意，话题核心围绕“你需要我怎么做才会觉得更加舒服”去跟对方讨论，或者是通过前面提到的移情分析技巧，透过对方传递给你的感受去理解对方。

先考虑相关人员的感受和利益再行动

在上面的案例中，“合作能力强的你”在处理客户投诉的时候，首先考虑到了客户的感受和利益需求。其次，面对风险客户，优先跟主管报备再回应，这是考虑到了主管的利益。再次，跟产品部门的人请教，并披露售后部门接到较多的产品投诉原因，是考虑到了产品部门的利益。所以你可以跟多方实现合作关系。

在亲密关系里，做每件事之前，都考虑伴侣的感受和利益。你要跟男客户出去吃饭前，得思考是否会让伴侣不舒服；你跟男闺密拍合照发朋友圈前，得思考是不是会让伴侣生气；等等。

你不一定事事都按照对方的感受和利益行事，但你行动前最好考虑一下。不确定是否会伤害对方的情况下，先跟对方商量确认，这样你才能意识到你的行为是否会伤害到对方。

主动承担更多责任，责任的背面是地位

有合作能力的人往往会承担更多责任。依然拿前面的例子来说，“合作能力弱的你”面对不合理投诉时，几乎没有承担任何责任，只是由着情绪去回应，结果把矛盾扩大，波及众人。

“有合作能力的你”，则是替客户承担了缓和情绪和分析需求的责任，替主管承担了分析客户诉求，并通过为客户出谋划策降低投诉风险的责任，替产品部门承担了获取一线用户反馈信息的责任。于是，你身边的人都会由于你的存在而感到更加轻松，这就是你声望和地位的来源。很多老板会跟员工说“只有把公司当成你自己的，才可能取得成就”，有人认为这是一种“洗脑”，是老板为了降低人工成本和管理难度才这么说的。其实这

句话从某种程度上说有一定的正确性。要想获得地位，那你就要承担这个地位需要承担的责任。承担了对应的岗位责任，在这个岗位有空缺或人事变动时，你就是这个岗位的不二人选。如果你缺乏承担对应责任的能力，就算凭运气升职了，也可能会因为能力配不上地位而失去它。

在亲密关系里，想要有地位的话，你也需要主动承担责任。承担照顾自己的责任和调整自己情绪状态的责任，这样你才能理直气壮地要求对方考虑你的感受和想法；承担照顾对方的责任和调整对方情绪状态的责任，你才有权利干涉对方的决定。妄想通过性别福利或对方的爱来获得地位，最终的结果就是由于可提供的价值过低而被对方轻视甚至放弃。

随时调整自己适应对方

合作能力强的人，大都能够根据实际情况的不同而调整自己，去适应他人的需求。如上例中“合作能力弱的你”，遇到客户无理的退款要求时就跟客户吵架，可能吵完还会为自己开脱说“没办法，我就是这样暴脾气的人”。合作能力强的人则很少会给自己下定义作为自己不改变的借口，而是会顺应他人的需求去调整自己。客户需要退钱，那就顺势跟他探讨退钱方案。主管需要把控风险但又不想事必躬亲，那就为主管想好方案并给出建议。产品部门需要客户的反馈，那就主动告知反馈情况。如水一般滋养万物，顺着他人需求，跟他人构建互利的和谐关系，就是合作能力的体现。

亲密关系里也一样，感情没有一定之规，感情中双方的人生随时会面临新的挑战，能够灵活地顺应对方当下的需求与之相处，才能让感情长久。

你越能适应、迁就伴侣，那对方离开你，找个跟你一样能适应、迁就他的人的难度就越大，也就是换对象的机会成本过高。所以无论是感受上还是理性上，对方都会更倾向于继续与你在一起。

构建联盟，把“你我”转变成“我们”

把“我”VS“你”转变成“我们”VS“问题”，是合作能力的重中之重。

在亲密关系中也是一样，比如，因为男朋友花在自己身上的注意力和时间少了而吵架，不是“我”要怎么解决“你对我不够关注”这个问题，而是“我们”要怎么解决“双方的关系亲密度要求差异”问题。

比如，因为男朋友下班后给异性发信息而吵架，不是“我”要怎么解决“你跟异性走太近”这个问题，而是“我们”要怎么解决“异性社交距离理解差异”这个问题。

比如，因为去谁家过年而吵架，不是“我”要怎么解决“你不迁就我”这个问题，而是“我们”要怎么处理“过年地点分歧”这个问题。

强调“我们”，就像把对方拉到了你旁边，让对方跟你肩并肩坐着，是你们两个人一起面对眼前的问题，自然更像队友。而强调“你我”，就像两个人面对面坐着，各自从对方身上找问题和缺点，自然更像对手，也更容易有矛盾。

合作能力强的人就像一个“防爆桶”，能够把很多外部矛盾装到自己这里，再将它们消弭。无论是对家庭、职场还是社会来说，这类人的存在，都对内部团结有极大的作用，因此这类人的人际关系会很和谐，情绪也更稳定。

当前，我们处于一个价值观越来越多元的社会中，价值观多元，换个角度说，就是整个社会的共识在不断撕裂。

我们的上一辈普遍对感情存在一些共识，比如人是要恋爱的，恋爱大概率是要结婚的，结婚是必须有双方父母和亲戚见证的，婚后是要生孩子的，等等。可到了我们这一辈，人不一定要恋爱，恋爱不一定要结婚，结婚不一定要通知其他人，婚后不一定要生孩子，生孩子不一定随父姓，可以随母姓，也可能随便选择一个姓，等等。这些原先是默认的共识，在当下多元的社会中变成了需要感情双方自行沟通协商的问题，各种纷繁、复杂的矛盾导致双方很容易失去沟通的耐心，每个已经撕裂的社会共识，都可能变成关系撕裂的诱因。

家庭，是社会的基本单位。一个家庭最基础的夫妻关系不和谐的话，其他家庭成员都会受影响。于是，撕裂的社会共识导致感情沟通成本提升，感情矛盾增多，影响家庭这一最基础的社会单位。矛盾冲突通过这个家庭中的成员散播到各自的工作、学习、生活中，进而影响更多的人，加剧整个社会的撕裂，形成恶性循环。整个社会越来越撕裂，情感矛盾也会与日俱增，所有人要么生活在冲突里，要么生活在孤独里。

能够打破这种恶性循环的，就是合作的能力。

比如我以身作则，跟一对濒临离婚的夫妻形成了合作关系，帮他们建立了合作关系，使他们的关系从敌对状态转化成矛盾状态，再转化成能够互相理解的亲密状态，那他们就会像我前面提到的那个售后客服一样，变成能够用合作能力化解矛盾的人。之后，他们这种化解矛盾的能力，就会通过其他的社会关系散播开，其他人被他们正确对待之后，也会学到他们的一部分合作能力，进而调整自己的亲密关系和其他社会关系。

每一段成功构建的合作关系，都像扔到平静湖面的一颗小石子儿，这种合作能力会以合作关系为圆心一圈一圈散播开，帮助更多的人在关系中构建合作关系，达成新共识。久而久之，整个社会群体的合作能力都会得到提升，也就能在各个领域凝聚出新的社会共识，做到最大化地降低社会内耗，促使整个社会形成合力，使我们这个社会的整体幸福感得到提升。

这，就是合作能力对于我们当代社会的巨大价值，也是我这份工作的意义所在。只愿你阅读本书后，内心能够少点冲突、关系能够少点矛盾、生活能够顺遂一点，在感情中能够达成更多共识，足矣。

若你能将从本书中学会的让关系更加和谐的知识，教给更多需要的人，那我们便是凝聚共识、共建和谐社会的同道中人，请允许我向陌生的你表达我的敬意：谢谢你，同志！

后　记

决定一个人情绪价值的，既有其成长过程中习得的认知、情绪和行为模式，又有潜意识创伤带来的云谲波诡的负面情绪，还有一个人人格完善度对环境的适应性。

尽管我很努力地想面面俱到地把情绪价值掰开了、揉碎了讲清楚，但情绪价值实在是一个太大、太复杂的命题。无论怎么写，都有种挂一漏万且不成体系的感觉。但是，我接纳自己没办法做到完美，要不然后面几十年人生都没追求了得多无聊。

对“如何让Ta越来越爱你”这个命题感兴趣的小伙伴，应该以女生为主，而且是缺乏安全感和自信的女生，所以本书整体是以女性视角叙述的，若男性读者阅读后觉得不适，还望见谅。

这本书尽管是一本心理情感类的书籍，但我希望女生们不要把全部心思放在研究情感上。凡事都讲究度，过犹不及。过于执着感情，丢了生活，丢了作为一个人本该有的对这个世界的好奇和探索的话，最终就是把自己给丢了，感情自然也没了。

心理问题、感情问题，终究是人的问题。是人的问题，就应该多学习拓展自己，而不是只盯着情感。在当下这个多元的时代，想得太少，书读得也太少，推翻了一切旧秩序又建立不起适合自己的新秩序，只能把看似有理但不一定正确的各家理论杂糅到一块作为自己人生的指导思想，那自然是人生问题一大堆，情感问题只是顺带出现而已。

学习哲学，能够拓宽你的内在空间，精神世界越是庞大复杂，那外部的纷纷扰扰于你而言干扰就越小。学习政治，让你习惯从利益与合作的角度理解这个世界，而不会有“爱我就对我好”这种“纯真愿望”。学习历史，让你意识到个体在时代大势面前的渺小，理解顺势而为、顺应规律的重要性，而不会妄想靠制订脱离实际的规则或“承诺”改变现状。

有感情问题固然需要学习心理情感类的知识，但同时，也希望你涉猎更多的人文社科知识，丰富自己的学识，面对亲密关系的建立，有充足的话题储备。

最后，感谢我的崽姚科佟同志在我创作本书过程中，为我提供的帮助（躺着傻乐给我提供情绪价值）。

如果你阅读本书时有疑惑，需要进一步探讨，那就关注知乎号“姚彦宇”或知乎号“苏武牧猪”私信我们吧！也可发邮件至yanyu1993China@139.com

愿你的感情，不负你的努力，以上。

* 细心的小伙伴可能发现本书案例里主人公的名字有点奇怪，其实她们的名字出自《孟子》中的一句维护关系和为人处世都可以参照的箴言：“行有不得者皆反求诸己，其身正而天下归之。”